NF文庫
ノンフィクション

復刻版 日本軍教本シリーズ

「これだけ読めば戦は勝てる」

佐山二郎編

潮書房光人新社

編者まえがき

「これだけ読めば戦は勝てる」という教範があることは知らなかった。編集部からコピーが送られてきて初めて見たが、従来の教範とは異なる装丁に違和感を覚えた。表紙に地図を載せたものは外になく、斬新だが安っぽく書名も教範らしくない、というのが第一印象であったが、中味を見ていくとよく考えられた構成に逆に感心させられるところがあった。

表紙の裏に記載された凡例に次のような本書の目的と編集方針が書いてある。

「この冊子は作戦軍将兵全員に南方作戦の目的、特質などを徹底させる目的で作ったものであって、特に着意した点は次のとおりである。

1、武力戦、思想戦、経済戦の内容を一まとめにしたこと

2、作戦要務令にある原則は省略し、熱地作戦の特質のみを摘記したこと
3、「熱地作戦の参考」中兵に直接必要な事項を抽出したこと
4、暑くて狭苦しい船の中で肩が凝らずに短時間に読めること
5、下士官、兵にでも十分理解できるように平易に書いたこと
この冊子は既往の諸資料を綜合し、各方面の意見を徴し、また研究演習の成果を取り入れた結論である。乗船直後将兵全員に配布する目的をもって起案したものである。

大本営陸軍部」

これを読んで編者は本書の意図を理解した。南方に送られる狭い船の中で手軽に読めるようにやさしいことばで書き、表紙の漫画のような地図はこれから向うところはここだと示して、そんなに遠くないと見せるためではないだろうか。

冊子の大きさは縦一二・五センチ、横九センチで一般的な陸軍の携帯用教範と同じである。目次を含め約八〇ページで、全体が一八種の大項目で構成され、それぞれの大項目が平均して五、六種の小見出しからなっている。中には一〇数種の小見出しを持つものもあるが、一つ一つの項目が短いので揺れている船中でもこま切れで読むことができる。

最初の大項目は「南方作戦地方とはどんな所か」とあり、常夏の国で果物が豊富と

いうような説明から入るのが普通だと思うが、最初の小見出しは「英、米、仏、蘭などの白人が侵略した東洋の宝庫である」であり、「一億の東洋民族が三十万の白人に虐げられている」と続いている。国粋主義者の常套文句のようだが、陸軍の正規の教範にこれほど極論するものはないのではないか。編者はここまで読んでこの小冊子が持つ独特の雰囲気を感じ、いったい誰が書いたんだと疑問が湧いたのであった。

この本の執筆者は台湾軍研究部の将校達である。台湾には歩兵第一聯隊があったので、その将校下士官を中心として近づく南方作戦の研究にあたらせたのである。昭和一五年一二月大本営は上陸作戦と熱地作戦を特色とする南方作戦の準備のため、現地での研究機関として台湾軍司令部内に研究部を設置し、翌一六年一月同研究部に対して、南方作戦で必要な諸兵種の戦闘方法、南方諸国の軍事事情、兵要地理（戦争を行う上で重要な地理に関する知識）ならびに兵器、経理、給養、衛生、防疫（病気の発生や蔓延を防ぐこと）に関する事項の調査、研究、試験を行い、同年三月末までに報告するよう指示した。時の陸軍大臣は東条英機であった。

台湾軍研究部の編成管理者は台湾軍司令官であるが、台湾軍研究部の業務に関しては参謀総長の区処を受けることになっていた。つまり所在は台湾であるが陸軍中央と直結していたのである。

台湾軍研究部は台北にあった。陣容は大佐以下五〇数名であったが、内一四名は陸軍大臣が特に指命した人員で軍医中佐、薬剤少佐、獣医中佐各一名、技師二名を含み、他は台湾軍から差し出された。陸軍大臣が指命した中に彼の辻政信がいたのである。

辻は陸軍士官学校を首席で卒業し、陸軍大学で恩賜の軍刀を拝受した俊秀であった。上海事変では辻の原隊である歩兵第七聯隊の中隊長として出征した。昭和一五年八月に中佐に昇進し、同年一二月台湾軍研究部に配属された。北進論者であった辻は南進論者に変わっており、南方作戦の研究に指導的な役割を果たした。

昭和一六年六月下旬台湾軍研究部は研究成果を検証するための実地演習を海南島（中国最南端にある中国最大の島）で実施した。歩兵一箇大隊、砲兵一箇中隊基幹の部隊が敵前上陸し、自動車と自転車による熱地長距離踏破の機動演習を行った。

「これだけ読めば戦は勝てる」は南方作戦開始までに調査研究を終えるだけでなく、教範の編纂から印刷、集積まで兵に手渡す準備を完遂しておくことが必要だった。

台湾軍研究部は七月頃解散したが、研究の成果は「これだけ読めば戦は勝てる」（原本に刊行年月が記載されていないが、機動演習の後八、九月頃には完成したと推定する）にまとめられ、大東亜戦争の緒戦となる南方作戦のため輸送船に乗船する部隊の将兵に配布された。昭和一六年末における南方軍の総兵力は約五〇万人であったから、小冊子とはいえ印刷部数は数十万部にも及んだと推定される。「これだけ読めば戦は勝てる」は将兵に南方での作戦遂行に必要な知識を習得させることで、戦場で冷静かつ的確に行動できるようにするための教範としての役割は果したものと考えられる。部外秘になっているがそれほど重要な秘密事項は含まない。濡れたからといって海中に捨てたり、土人に盗られたりしないよう大事に扱えというほどの意味ではないか。

台湾軍研究部で指導していた辻政信はこの冊子について「山のような広汎多岐な研究内容を要約して、型破りの平易な口語文とし、熱い窮屈な船の中で、寝転びながら兵隊にも肩が凝らずに読めるよう編纂した」と回想している。主要な部分は辻の考え方に沿った文章になっていると思われるが通信、給養、衛生、馬衛生などについては専門家の記述になるものと思われる。

「これだけ読めば戦は勝てる」について調べてみると、古書サイトの「日本の古本屋」には本書の在庫はなく、国会図書館の目録にもないので所蔵されていないようだ。防衛研究所にあるのはこの冊子の複製である。アジア歴史資料センターでそのデータが公開されている。登録番号は「南西−マレー・ジャワ−一一」で、昭和三五年六月に当時市ヶ谷にあった戦史室が入手した。複製だがきちんと製本して保存したのは戦史研究に重要な資料と目されたからであろう。

一方オークションには古いことは分らないが二〇一七年二月に出品され、入札四八件という人気を集めて落札された。落札価格は相当の高額になった模様である。二〇二四年の七月には同書の復刻版が出品され二一〇〇円で落札された。その翌八月にも同書を含む陸軍の教範四点が一括で出品され二二〇〇円で落札された。これは復刻版ではなく原本であった。これらのオークションに編者は気が付かなかったが、知っていたとしても入札はしなかったと思う。貴重な資料は高額で取引されるが、復刻が出れば価格は下る。最近はそういう傾向が顕著になったようだ。

NF文庫の日本軍教本シリーズに入り、誰でも手軽に読めるようになったことは喜ばしい。終戦から八〇年の節目に復刻されたことは意味があるが、これからも長く読み継がれることを期待したい。

「これだけ読めば戦は勝てる」は大東亜戦争突入直前の資料であるが、参考資料一として支那事変における同様の資料「従軍兵士の心得」を掲載した。支那事変から大東亜戦争に至る三年間が兵の教育上どのような違いをもたらしたか、あるいは何も変わっていないか、感じることがあるかもしれない。「従軍兵士の心得」は第一号と銘打っているので、この分野の教範では先駆けとなったものである。「これだけ読めば戦は勝てる」とは違い、兵が読みやすいようになどとは一切考慮されておらず、冒頭から難読語彙が続出するのは他の多くの教範と共通するこの時代の悪弊である。しかし馬を愛護するように諭した一項は名文で分りやすく、非常に有効であると感じた。このように項目によっては知らなかったことを教えられることもあるので、一通り読んでみることを推奨する。

また「これだけ読めば戦は勝てる」の編纂が進んでいる間に、陸海軍では南方作戦の準備を着々と進めていた。その動きに関する史実を時系列に書き出したので参考資料二とする。

その第一章は天皇に対する上奏文をまとめた。上奏文は天皇に説明する言葉どおりの文章になっているので読みやすいが、奏上語なので少し堅苦しい。この頃はすべて正直に上奏していたはずであるから、ある意味これ以上の資料はない。ただ一部の数字に検算しても合わない箇所がある。何か特別な計算式があるのかもしれないが、数字はそのままにしてある。

第二章は機密作戦日誌から南方作戦に関する四〇項目を引用した。古い文体の資料が多いがそのまま転記した。文章を弄(いじく)って文意を曲げることがあってはならないので、なるべく原文どおり引用することに努めた。難しい言い回しは飛ばして読んでも意味が分かれば問題ない。

最後の第三章に占領地軍政と重要資源取得計画について要点をまとめておいた。

この本の主題からどうしても開戦に至る経緯が主体となったが、最後に開戦後の占領地統治計画に触れたのはこれが開戦の目的であったことを再確認するためである。

以上の参考資料はアジア歴史資料センターのデータを利用させていただいた。

終戦八〇年の節目に自分の先入観念と照らし合わせ、認識を新たにすることも意味があると考える。

二〇二五年一月

佐山二郎

復刻版　日本軍教本シリーズ

「これだけ読めば戦は勝てる」

――目次

編者まえがき　3

復刻版　日本軍教本シリーズ

「これだけ読めば戦は勝てる」

・本書掲載の復刻文書では、原則として旧字を新字に、旧仮名遣いを現代仮名遣いに改めた。
・読者の理解を助けるため、文中に（　）で注釈を付した。
・現代では差別的ととられる表現もあるが、復刻文書の歴史的意義に鑑み、そのまま掲載した。

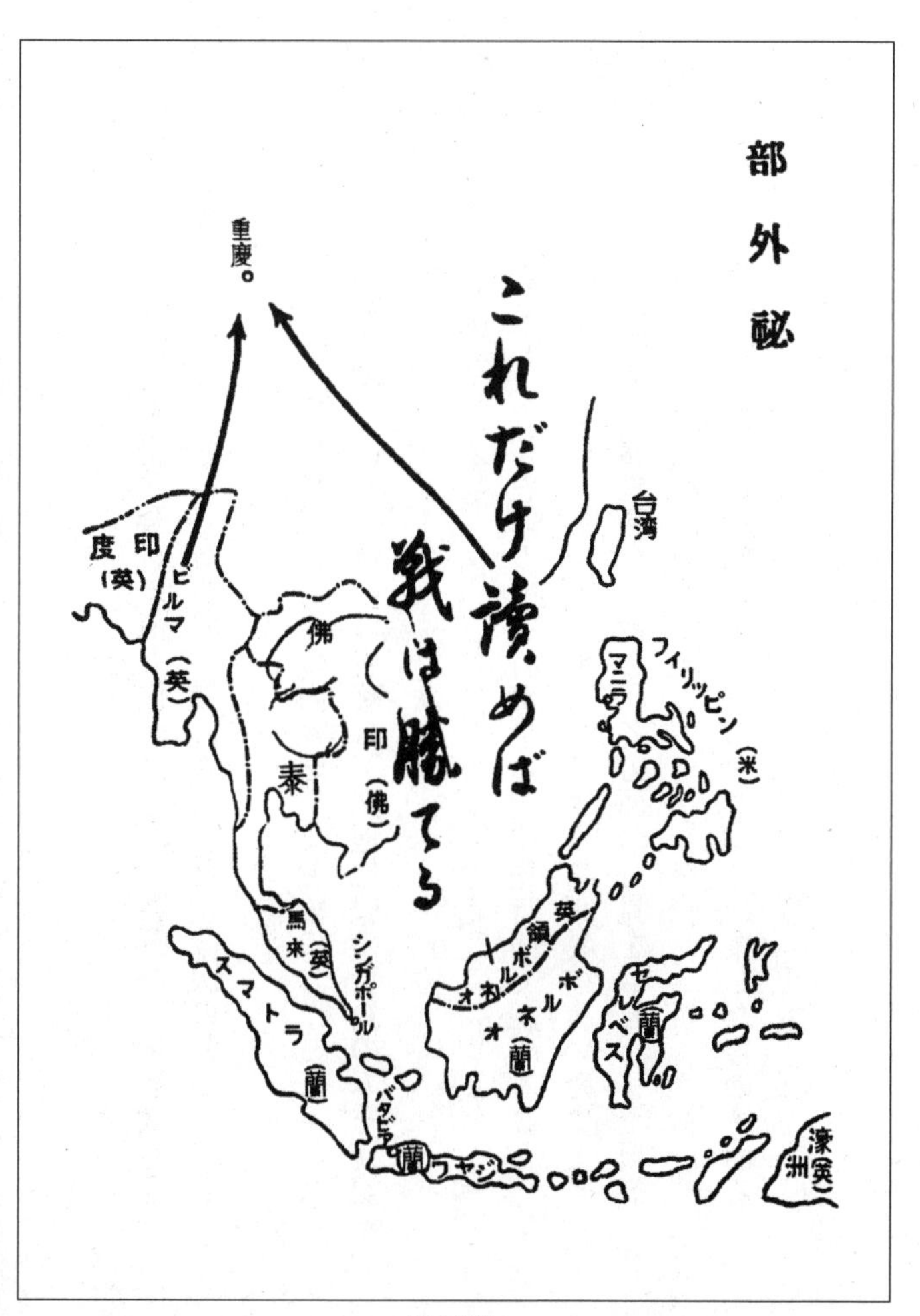
部外秘
これだけ讀めば
戦は勝てる
重慶
台湾
印度(英)
ビルマ(英)
佛
泰
印(佛)
フィリッピン(米)
マニラ
馬來(英)
シンガポール
英領ボルネオ
ボルネオ(蘭)
セレベス(蘭)
スマトラ(蘭)
バタビヤ
(蘭)ジヤワ
濠洲(英)

原本表紙

一、本冊は作戦軍将兵全員に南方作戦の目的、特質などを徹底させる目的で作ったものであって、特に着意した点は次のとおりである。
1、武力戦、思想戦、経済戦の内容を一まとめにしたこと。
2、作戦要務令にある原則は省略し、熱地作戦の特質のみを摘記したこと。
3、「熱地作戦の参考」中、兵に直接必要な事項を抽出したこと。
4、暑くて狭苦しい船の中で肩が凝らずに短時間で読めること。
5、下士官、兵にでも十分理解できるように平易に書いたこと。
二、本冊は既往の諸資料を綜合し、各方面の意見を徴し、また研究演習の成果を取入れた結論である。
乗船直後将兵全員に配布する目的をもって起案したものである。

大本営陸軍部

目　次

一、南方作戦地方とはどんな所か

1、英、米、仏、蘭などの白人が侵略した東洋の宝庫である

山田長政が暹羅（今のタイ国）に渡って大いに活動したのは今から約三百年前であったが、その後徳川幕府が鎖国政策をとって明治維新に至るまで日本人の海外発展を阻止した間にイギリス、フランス、アメリカ、オランダ、ポルトガルなどがわが物顔に東洋に乗り出し、文化の遅れた土人を脅迫駆逐して東洋諸国を植民地にしたのである。インドやマレー半島がイギリスに、安南（ベトナム）がフランスに、ジャワ、スマトラなどがオランダに、フィリピンがアメリカに取られて、東洋で最も物資の豊富なこれらの国々がわずかばかりの白色人種に侵略され、数億の東洋民族が数百年の永い間搾り取られ、虐め抜かれて今日に至ったのである。

我々日本人が有難い国に生れ合せて　天皇陛下（一字空けるのは天皇に対する敬意を表すための慣習、以下は用いない）の御稜威（人を敬わせる威光）のお陰で今日まで一度も外国の侵略を受けずに来たことに対し、東洋の他の民族は非常に日本を羨ま

しがり、日本人を信頼し、尊敬し、日本人によって民族の独立と幸福を受けられることを心から望んでいるのである。

2、一億の東洋民族が三十万の白人に虐げられている

三億五千万のインド人がわずかに五十万のイギリス人に支配され、六千万の蘭印（蘭領東インド、現在のインドネシアのほぼ全域）は二十万のオランダ人に、二千三百万の仏印（フランス領インドシナ、現在のベトナム、ラオス、カンボジア）は二万余りのフランス人に、六百万の英領マレー（イギリス領マレー半島）は数万のイギリス人に、一千三百万のフィリピンは数万のアメリカ人に支配されている。これらを総計すると約四億五千万の東洋民族がわずかに八十万足らずの白人に支配されている。今インドを除き仏印、マレー、蘭印、フィリピンだけについて見ると約一億の東洋民族がわずかに三十万足らずの白人に虐げられているのである。一歩敵地に上陸してみると白人どもが如何に土民を圧迫しているかが明瞭であろう。堂々たる立派な建物が山の上や丘の上から小さな草葺(ぶ)きの土民の家を見下している。東洋民族の膏血(こうけつ)を搾った（人が苦労して得た財産を取上げる）金はこれら少数の白人どもの贅沢な生活に費やされ、またその本国に持ち去られている。

これらの白人は母親から産れ出ると同時に数十人の東洋民族を奴隷に持つ勘定になる。これは果して神様の御心であろうか。

絶対多数の東洋民族が少数の白人どもにこんなにまで征服された原因は同族相互の争いによって力を消耗したことと、東洋人の東洋たる自覚を欠いたことが根本原因である。

3、石油、ゴム、錫などの世界的産地である

石油がなくては飛行機も軍艦も自動車も動くことができない。英、米は世界石油の大半を占領し消費に困っていながら最も足らない日本に輸出することを禁止したばかりでなく、南洋から日本が買うことさえも妨害している。

ゴムや錫もまた軍事上無くてはならないものであるが、これらの貴重な物資は東洋では南洋諸国が一番豊富である。わが国が常に正当な方法でこれらの物資を買おうとしても、これさえも邪魔してきた英、米の悪意が今度の作戦を起さねばならなくなった一つの原因でもある。蘭印や仏印は単独では日本に反抗できないことは明瞭であるが、英、米の支援と脅迫で日本に敵意を示しているのである。石油と鉄の足りないことは日本の弱点であるがゴム、錫、タングステンの足りないのは米国の最大弱点であ

って、これらは大部分南洋および南支（中国南部、現在の華南）から米国に供給されている。これを押さえたならば日本は足りない石油や鉄を得ることができるのみでなく、米国の一番痛い所をつくことになる。米国が日本の南方進出を極端に厭（いと）いかつ妨害してきた魂胆はここにもあるのである。

4、常夏の国である

作戦地方は四季の区別なく一年中日本の真夏の暑さが続くものと考えたらよい、であるから常夏（とこなつ）の国という。朝太陽が出ると間もなく暑くなり、正午前後に一番暑くなって夕方まで暑さが続く。季節風は所によって異なるが五月から九月までは西南の風で、十一月から三月までは東北の風が多く、午後から夜にかけて雷鳴、豪雨が来る。日本の夕立とは段が違うほどの強烈な雨でスコールと呼ばれている。このスコールは暑さを洗い流してくれる有難い雨であるが道を壊し、橋を流し、軍隊の行動を妨害することも少なくない。

また湿気が多いから火薬が湿り、銃や砲や弾薬は錆び、眼鏡は曇り、電池はじきに放電する。

年中バナナやパイナップルなどの果物はあるが、厄介なマラリア蚊は至るところに敵意を持って居る。ジャワ、シンガポールあたりでは開けているから自動車道が四通（四方）発達しているが、未開の土地も多く、人も馬も通れない密林や湿地も少なくない。

右のように温度は高いが住み心地は決して悪くない。海に近く風があるからである。だからこそ多くの白人が移住したのである。

二、なぜ戦わねばならぬか、また如何に戦うべきか

1、東洋平和の大御心を体して

明治維新は廃藩置県で日本を天皇陛下御親政の昔に還し、浦賀や長崎に来た黒船があわよくば日本を併呑しようとした危ない国難を切り抜けたのであったが、昭和維新は東洋平和の大御心（おおみこころ）を体し、亜細亜を白人の侵略から救いアジア人のアジアに還し、先ずアジアの平和を、次いで世界の平和を確立しなければならない。

蒋介石を助けて日本と戦わせてきた黒幕は英、米である。かれらは日本の興隆を目の上の瘤（こぶ）として、所有手段で日本の発展を妨害し、重慶政権（重慶に置かれていた中

華民国国民政府）や仏印、蘭印などを嗾けて日本に敵対させようとしている。かれらの希望するところはアジア民族の相克消耗（いざこざ）であり、かれらの恐れるところはアジア民族が日本の力で独立を図ることである。世界人口の大半を占めるアジア民族が団結して立つことは数百年間アジア人の血を吸って肥ってきた英、米、仏、蘭人どもにとっては何よりの痛手である。

日本は東洋の先覚として満州をソ連の野望より救い出し、支那を英米の搾取より解放し、次いでタイ国や安南人、フィリピン人などの独立を助け、南洋土人（その土地の先住民）やインド人の幸福をもたらしてやる大使命を与えられている。八紘一宇（世界を天皇の下に一つの家にする）の精神は即ちこれである。

今度の戦争の目的とするところは世界の各民族に各々その所を得させることを理想とし給う陛下の大御心を先ず東洋において実現するため、東洋の各国が軍事的に同盟し、経済的には共存互恵の原則で有無相通じ、相互に他の政治的独立を尊重しつつ東亜（アジア東部の日本、中国、朝鮮など、大東亜はこれに南方を加えた地域）の大同団結を図り、その総合力によって東亜を白人の圧迫侵略から解放することにあるのである。

今次事変の意義が上述のように極めて大きいのであるから、その中心とし指導者として立つ日本の受ける国難は肇国（建国）以来のものである。南洋の諸民族は皆我々日本人を心から尊敬し、また期待しているのであるから我々はこの尊敬とこの期待を裏切らないようにすることが何より大切である。

このため特に注意しなければならないことは次のとおりである。

2、土民を可愛がれ、しかし過大な期待はかけられぬ

わずかに三十万足らずの白人に奴隷扱いされてきた一億の土人は眼玉の色も肌の色も我々によく似ている。世界の宝庫である土地を故郷として神様から貰って生れた筈の土人が何の因果で白人どもに圧迫されているのかと考えると誰しも可愛くなってくることだろう。

地理的に見ても歴史的に見ても土人にとっては英、米、仏、蘭人などは強盗であり、我らは兄弟である。少なくとも親類には違いない。ただ土人の中にも白人の手先になりスパイになって同胞を売り、アジアを裏切るものも少なくない。特に高級官吏や軍人の中に多いことを考えて我に害を及ぼすものは止むなく除かなければならぬ。

しかし裸で暮して働かなくても食べられる自然の恩に恵まれた土人は怠けものが多く、また三百年の久しい間西洋人から抑えられ、支那人から搾られて来て全く去勢さ

れた状態にあるから、これをすぐ物にしようとしても余り大きな期待はかけられぬことを心しなければならぬ。

3、土民の風俗習慣を尊重せよ

土民の大部分は回教を信奉している。仏教徒が仏様を拝み、耶蘇教徒がキリストを拝むように、回教徒はメッカ（マホメットの生れた中央アジアの古都）の方を伏し拝むのが強い習慣である。また回教信者は絶対に豚を喰わない。豚はけがれたものとして非常に厭う。頭に白い縁のない帽子を被っているものはメッカに参詣した回教信者で土人の中では尊ばれている人達である。町や村には礼拝堂があってどんなに身分の高い人でも必ず靴を脱いで上る習慣があるから、泥靴のまま入っては土人に非常な反感を惹起する原因になる。宗教上の休日は日曜ではなく金曜日である。また一日の中でも数回メッカの方を拝むため数十分仕事を休む習慣があり、年の暮には一月の断食の行をする（昼は食事をとらず夜少量を喰う）。

室内に入ったら帽子を取るのが我々の礼儀であるが、土人は帽子を被るのが礼儀である。また左手を不浄なものとして非常に嫌う癖がある。用便しても紙は使わない。左手で局部を拭い水で洗うから、人に物をやったり人の身体に触れる時に左手を使うことは絶対にしてはならぬ。また土人は目前の小利を喜ぶが将来の大利は判らない。物を買う時には直ちに支払い無理なことをしないように注意しなければならぬ。

一般に土人は土人特有の風俗なり習慣なりを最上のものと思っているのであるから、日本人の親切心で色々オセッカイしても有難がらないのみか却って反感を抱かせることになる。親切の押売をせず土人の伝統と習慣とを尊重し、無用の刺戟を起さないことが何より大切である。

4、仇なす仇は挫くとも罪なきものは慈しめ

英語ができないと上の学校へ入れない、一流のホテルや汽車、汽船では何でも英語を使っている日本の現況は知らず知らずの中に西洋人がえらいように考え、支那人や南洋人を軽蔑するようになって来たのである。

これは天に向って唾を吐くと同様である。我々日本人が東洋民族として支那人、インド人と同様長い間劣等民族の扱いを受けて来たことを記憶し、少なくとも東洋では彼等の傲慢無礼な態度をたたき直してやらねばならない。

今度の戦争は民族と民族との戦争であることを考え独、伊以外の西洋人に対しては少しも仮借する（許す）ことなくわが正当な要求を貫徹することが必要である。ただ

掠奪したり婦人に戯れたり無抵抗なものを故意に殺傷したりすることは道義日本の名誉にかけて絶無ならしめることを上下一体の強い戒めとし、陛下の軍人、陛下の軍隊たる矜持（誇り）を傷つけないようにしなければならない。特に老人や子供や女に対しては寛大に取扱ってやらねばならぬ。

5、華僑とは何か

今から六百五十年程前日本に攻めて来て、博多の沖で神風に遭ってほとんど全滅となった蒙古の忽比烈（元の初代皇帝、世祖）はその後今の瓜哇（インドネシアの中心の島）に遠征したことがある。三万の軍隊を一千艘の舟に乗せてジャワの東北海岸に上陸し、南洋の珍宝を取るために遠征したのであるが、敵の詭計（策略）のため大きな獲物もなく引上げた。この頃から支那人が南洋に盛んに渡って丁稚、小僧、苦力からたたき上げて段々金持ちになり、怠け者の土人をごまかし英、米、蘭人などと結託して経済上の力を増し、今では南洋全部で五百万近くまで増えている。重慶に軍資金を貢いでいるが大部分は重慶側の宣伝に迷わされ、あるいはテロに脅かされてやむを得ず貢いでいる者が多い。これらに対しては反省の機会を与えてわが方に靡かせるように指導しなければならぬ。ただ注意しなければならないのは彼等は西洋人の政治家と結んで上手な方法で土人を搾っているから、土人の恨みは大部分華僑が引受けて西洋人は涼しい顔をしていることと、彼等の大部は民族意識も国家観念もなく、ただ儲ける以外に道楽はない状態になっていることである。したがって東洋民族としての観念的な自覚を促したり、利益の伴わないことに彼等の協力を期待するのは難しいことを予期しなければならぬ。

6、強く、正しく、我慢せよ

従来の戦場の状態から見ても真に戦に強い軍隊は掠奪したり、女をからかったり、酔っ払って喧嘩したりはしない。弾丸の中で逃げ隠れするものに限って大法螺（おおぼら）を吹き、弱いものをいじめるものである。一人の不心得は全軍の名誉を傷つけることを考えて身を律しなければならない。掠奪や強姦したためあたら歴戦の勇士が軍法会議に付せられ、数年間の懲役に処せられるような結果になっては何とも申訳がない。万歳の声に送られて故郷を出発した日の感激を思い浮べ、朝夕神詣でし陰膳（かげぜん）を据えて武運を祈っていられる親兄弟に、戦場で悪いことをして刑に処せられたということではどの面提げて凱旋ができるか、弾丸に死んだ戦友に対し何として申訳ができよう。激戦がすんで滞陣になったりあるいは弾丸の飛ばない後方勤務に服するものは特に注意しなければ一生取返しのつかない失敗を招くことがある。

すべての武勲もあらゆる苦労も酒色の失敗から消されてしまうようなことにならないよう、戦に強いものほど身を正しく律し、また不自由な生活や苦しい仕事に対しては死んだ戦友の心になって我慢し、自制しなければならぬ。

7、資源と施設とを愛惜確保せよ

日本が国家の存立に必要な石油は英、米の悪意で世界のどこからも買えなくなった。南洋の石油を得ることは国家の生存上絶対的必要であるが敵は易々と我に渡すことはなかろう。必ず各種の破壊手段を講じることは予期しなければならぬ。飛行機で爆撃したりダイナマイトで爆破することに対しては敵の破壊に先立ってこれを占領し、厳重に警戒擁護するのは勿論石油以外の物資でもできるだけ多く押えてこれを現地で利用し、または内地に送ることが必要である。石油坑でも工場でも鉄道でも通信施設でも一度壊すと元のように直すのは容易でないことを十分考えねばならぬ。また分捕(ぶんど)った自動車や兵器を取扱いの知らぬものがいじって壊すことが多い。従来の戦争では敵のものは何でも破壊するか、または焼けばよいように考え、あるいは兵力が足りないのを口実として焼棄した例が少なくない。敵の資源を壊さずに取り、これを最大限に利用することを徹底的に考えるとともに一発の弾丸、一滴のガソリンであっても節用して国力の消耗を少なくすることを終始念頭に置くことが今度の戦争では特に大切である。

8、敵は支那軍より強いか

今度の敵を支那軍に比べると将校は西洋人で下士官兵は大部分土人であるから、軍隊の上下の精神的団結は全く零だ。ただ飛行機や戦車や自動車や大砲の数は支那軍より遥かに多いから注意しなければならぬが、旧式のものが多いのみならず折角の武器を使うものが弱兵だから役には立たぬ。したがって夜襲は彼等の一番恐れるところである。

9、弾丸に死んでも病に死ぬな

地上には戦車があり空中には飛行機、海上には軍艦が活躍し、水中には潜水艦が横行するのは勿論であるが、今度の戦争の特色としてさらに注意を要することは目に見えぬ各種の悪病やマラリア蚊の大敵が潜伏していることである。古来熱帯地方の戦闘では弾丸で死ぬより病気で斃れるものが遥かに多いのは事実である。病気の大半は口より入ることは日本でも熱帯でも同じであるが、南洋ではその上さらに蚊と蛇とを用心しなければならぬ。弾丸に死ぬのは覚悟の上だが不摂生不注意のため病気や事故で死ぬことは決して名誉ではない。なお付け加えることは土人の女はほとんど全部花柳病を持っており、また土人の女に戯れることは土人全部を敵にする結果になることは十分考えておかねばならぬ。

三、戦争はどういう経過を辿るか

1、遠洋航海から上陸戦闘へ

作戦地は何れも台湾から千数百浬(かいり)離れた南洋にある。汽船に乗って一週間以上十日近くもかかるところもある。この遠い海上を数百艘の軍艦や船で渡るのであるが、考えてみれば我等の祖先は既に三百年の昔御朱印船という木造の帆船でこの荒浪を征服して貿易し、あるいは八幡船(ばはんせん)と称して武力をもって縦横に活躍したのである。連続数日の窮屈な船舶輸送が終ったら抵抗する敵を海岸で撃破して上陸を強行しなければならぬ。上陸作戦は昔から難しいものと考えられたのであるが、精鋭無比の日本軍は未だかって上陸作戦の成功しなかった例はない。十分自信を持ち十分準備を整えて世界を驚かすような戦果を挙げねばならぬ。

2、陣地や要塞を攻略す

南洋各地の敵は少数の白人軍隊を中堅とし土民を強制徴集して急造した粗製乱造の軍隊であって支那兵より弱いが、大砲や戦車や飛行機を相当に持っていることを考えて弱敵といえども侮ってはならぬ。これ等は大抵要点に陣地を占領し、あるいは要塞に拠って抵抗するであろうから上陸作戦で敵をたたき潰し、休む暇もなく熱地を行軍し、あるいは自動車で急進して敵陣地を攻撃しなければならぬ。

また敵の準備した火力を避けて不意に乗じるためには密林地帯を突破したり、水田、湿地を跋渉（歩き回る）することもしばしば起るであろう。

3、資源を確保し要地を護る

敵の抵抗を除いた後には石油資源を確保したり、重要工場や港湾や鉄道を警備して地上、空中、海上の敵に乗じる隙を与えないように万全を期さねばならぬ。この際は少数の兵力で広地域を守備するのが普通であるから障害物を造ったり、陣地を築いたり土民を懐柔利用したり種々工夫を回(めぐ)らさねばならぬ。

4、長期の駐留、治安の粛正に任ず

戦争はおそらく長引くことを覚悟し、長期滞陣の諸準備を進め現地の物資をできるだけ利用することを図るとともに、兵器や被服の諸資材を愛護することが大切である。遠い海上をはるばる日本から輸送することは非常な負担であるから、最小限のもので戦闘し生活するとともに、暑さに負けないよう特に病気に罹らぬ注意が何より必要である。

四、船の中ではどうするか

1、秘密を守れ

上陸作戦で一番大切なことはわが企図を匿(かく)すことである。どこに上るかが過早に敵に知れるとなかなか難しくなる。手紙に書いた簡単なことが全軍敗戦の原因になり、あるいは出発間際にカフェで一杯飲みながら酒の勢いで喋ったことからわが秘密をス

パイに知られた例は少なくない。

四十七士が主君の仇を報じるまでどんなに苦心して秘密を守ったかをよく想い起してお互いに戒め合わねばならぬ。

今度の事変で南支方面に上陸した部隊のある兵がビールの空瓶に手紙を書いて封をして海中に流したところ、潮流のため朝鮮付近に流れ着いた実話がある。もしウラジオに流れたらどうなるか、飛行機や潜水艦などがわが輸送船の行動を発見するため海上に浮かんでいる紙屑などから端著をつかむことが少なくない。汚物や塵の始末はよく規定を守らなければならぬ。

2、身辺の整理を十分に

今度の戦争では海の上の行動が多くまた上陸後小部隊で深く敵中に挺進（先に進む）するような場合が少なくないから、遺骨が拾えないこともあらかじめ十分覚悟しておかねばならぬ。

「海行かば水づく屍、山行かば草蒸す屍、大君の辺にこそ死なめ、かえりみはせじ」とは昔から日本人の覚悟とし誇りとして来たのである。戦陣に臨む前に遅くとも船の中で必要な遺言を書いて毛髪や爪などを入れ、何時何処で死んでもよい準備を整え、部隊毎に一括して確実な方法で後方に残すように身辺の整理を終っておくことが軍人の嗜みである。

また船火事や浸水の際には身軽で避難しなくてはならぬから、銃と水筒とパンだけ持ち救命胴衣を着けて順序よく甲板上に出られる用意を整えておかねばならぬ。

3、病気に罹るな

船の中は大変狭苦しい上に暑さが甚だしいから船に酔ったり、酔わないまでも胃腸が弱って病気にかかりやすい。大勢雑魚寝している中で誰か一人伝染病にかかったら大変である。潜水艦や飛行機の攻撃を受けた以上に損害を出し、他人に迷惑をかけるようになるから生水を絶対に飲まないことと、出発間際の飲食に注意し、船中で怪しいと思ったら早く診断を受けて手当をしなければならぬ。伝染病を匿して無理しているると船全部に迷惑をかけ、多くの戦友を殺すような結果になる。

4、船に酔わないためには

船に酔わないためには次の点に注意すればよい。

（イ）志気を緊張し重大な任務を自覚すること。

(ロ)縦に揺れたら横に寝よ、横に揺れたら縦に寝よ。
(ハ)眼はなるべく遠い所を見、船の動揺を気にかけないこと。
(ニ)なるべく遊戯その他により気分を転換すること。
(ホ)船に弱いものは腹を緊縛して呼吸法をすれば船の中でも舟艇の中でも効果がある。呼吸法とは船が上る時に深く吸い、下る時に深く吐く。船の中では横臥して行い、舟艇内では上る時膝を伸ばし、下る時膝を曲げながら行えば一層効果が大きい。
(ヘ)満腹と空腹とはともに避け、常に適度の腹具合にあること。また船に酔っても全然喰わぬと益々酔うから無理しても少しは喰うこと。
(ト)十分眠ること。
(チ)酒の好きなものは少量を飲むのはよいが、暴飲を避けること。
(リ)便秘は禁物である、便秘している者は薬をもらって通じをつけること。
(ヌ)胸やけを起さないこと、このため糖分や酸性が強い蜜柑などは喰わないこと。
(ル)できるだけ甲板に出て歩行、体操などをやること。
(ヲ)予防剤として役立つものは重曹錠、健胃錠、睡眠薬、仁丹などである。
右のように色々注意することはあるが要は自分は「船には酔わない」という気持が

大切である。「酔うかも知れん」「酔わなければよいが」というような弱い気持のものは必ず酔うものである。物心のつかない子供が船の旅に一番強いのはよいお手本である。

5、馬をいたわれ

船の一番下方の暗い蒸暑い室の内に不平も言わずに軍馬が我慢していることを忘れてはならない。熱地の航海で一番大事なのは換気と水飼い(みずかい)馬房(ばぼう)の掃除である。航海が長引くにつれて人も馬も疲れて来るが、人が疲れて来れば来るほど馬はなおさらに疲れて来ることを思い、いたわってやらなければならない。

新しい空気と冷たい水とは熱地の航海には人同様馬にもなくてはならぬものである。また人は甲板上を散歩することができるが、馬は運動ができないために参ることが多いから、馬房の中で前進後退をやらせると効目がある。

6、兵器に親しみ兵器をいたわれ

潮風と湿気は兵器の敵である。船中は湿気が多くまた潮風が絶えず吹き込んで来る。うっかりすると真赤に錆び付いていざ戦闘といっても使えなくなる。兵器は生きていないことに細心の注意を払わねば戦友を殺すことになる。る。可愛がってやりまた取扱いに慣れるほど戦場でよく働いてくれる。ただ暴発させ

ないことに細心の注意を払わねば戦友を殺すことになる。

7、水を大切に

水は命の親である。運送船には限られた槽の中にわずかばかりの水を積んでいるだけであるから、陸上にいるときの気持で使ってはたちまちなくなる。熱地作戦で水が切れたら最後だ。海の水は無限であるから船の水も無限と考えたらとんだことになる。幹部以下厳重な注意を払わねばならぬ。

8、船火事に注意せよ

船の中で火災を起すほど恐ろしいものはない。船には多くのガソリンを積んであるから規定以外の場所では煙草をのんではならぬ。また救命胴衣の中にはカポックという綿に似たものが入っているが、極めて引火しやすいから火気を近づけてはならぬ。

9、潜水艦や飛行機の攻撃を受けたらどうするか

潜水艦や飛行機の攻撃を避けるためには夜は暑いのを我慢して灯火管制の規定を厳

守する。しかし長い航海の間には一度や二度は敵の潜水艦や飛行機の攻撃を受けることを覚悟しなければならぬ。この時最も大切なことは「慌てない」ことである。

弾丸はなかなか中（あた）らない。中って沈む時でも各船には全部乗れるだけのボートが準備してあり、各人は救命胴衣を着けている。落着いて身軽な服装で規定の場所に集合し、上官の指示を待つことが何より必要である。勝手に喋ることと走り回ることは一番禁物だ。船が一隻だけで行動することはないから、まさかの時には必ず他の船が救助してくれるのと、隣の船の兵が皆眺めているから後で人様に笑われるような無態（ぶざま）なことをしない心掛が大切である。潜水艦や飛行機は多くは昼間攻撃して来るから特に然りである。

10、一寸の不注意も大怪我の因（もと）

狭苦しい船の中はボートや自動車や荷物や馬で一杯だ。その中で起重機が働き勤務員や船員が駈け回る。しけて来ると浪が甲板を洗うこともある。夜は真闇（まつくら）だ。舷梯に腰を掛け涼んでいて海に落ちたものや、船艙の入口から足を滑らして転げ落ち、または積み降しの荷物で頭を割った例は少なくない。全く不名誉な話だ。足下に気をつけ頭上を眺め、危険な場所や甲板上のボートの中には絶対に入ってはならぬ。

11、弾丸と糧食と水

上陸戦闘の一つの特色は上陸後四、五日場合によっては一週間も十日も後方から補給がつかないことである。特に今度のように遠い海を乗り越えての戦争ではなかなか補給が難しいことを考えて、身体の自由を妨げない限り弾丸と糧食と水とを多く携行することが必要である。その限度は上官から示されるであろうが、暑いからといってこれを海に捨てたり、忘れたりするようなことがあってはならぬ。

12、上陸の準備に細心の注意

上陸する際は沖合に錨を下して小舟に乗り換えなければならぬから、各兵は兵器、装具を整えて狭いところで混雑なく動作ができるようにするとともに、上陸して直ぐ使う兵器の機能を点検し、属品などを忘れないよう十分注意を払わねばならぬ。

第一回に上陸する部隊の機関銃、歩兵砲などは親船の中で配当されたら小舟にあらかじめ載せて縛り付けておくことが必要である。第二回目以後は綱やモッコで親船の甲板から水上の小舟に吊り下げねばならぬから砲（銃）身嚢（携帯天幕を代用）、三脚架（床板）用縛綱、属品（携帯）箱用縛綱、弾薬箱用縛綱、吊綱などを準備することが必要である。

着装は兵種によっても異なるが今歩兵着装の一例を示すと次のようである。

（イ）地下足袋をはき背嚢を除き水筒雑嚢を肩にかける。

（ロ）規定外の弾丸と糧食と飯盒などは天幕に入組み、背負袋としてこれを負うかまたは腰に巻く。

（ハ）小円匙などの器具は背部の帯革に挿しまたは紐で肩に掛ける。

（ニ）防毒面は待機姿勢にする。

（ホ）鉄条鋏はこれを腰の帯革に挿す。

（ヘ）救命胴衣は射撃を妨害しないように着脱部を右肩の所に置く。

（ト）手榴弾は雑嚢に入れる。

13、重い兵器や弾薬箱には急造浮体をつけよ

重機関銃や歩兵砲など重い兵器や弾薬箱は水中に取り落しても沈まぬように急造の浮体を縛り着けると便利である。

やむを得ない時は浮体を付けて二、三人で綱を曳きながら水中を前進する場合もある。

五、上陸戦闘

1、親船から小舟に乗り移るには

親船に積んだ小舟が水上に降ろされると縄梯子で移乗する。この際は一列縦隊に並んで順序よく、間断なく降ることに注意し小銃、軽機関銃は負革をもって肩に懸けるかあるいは負い、または負革を首にかけ救命胴衣か背嚢の上端に横に負うのが便利な場合もある。軍刀は帯革の下に昔の武士のように差すとよい。弾薬箱や自動車は綱で舷側から小舟に下す。波が高くて移乗が難しいときは小銃、軽機関銃を一纏めとして天幕に包んでモッコまたは綱で艇内に下すこともある。縄梯子で降る時には中央の綱を確実に握り、上体を梯に近づけ体重を両腕に托するようにし、交互に速く桁を踏んで降りたら次の兵の邪魔にならぬよう所定の場所にあぐらをかく。小舟は波の荒い時には随分揺れるが絶対に顛覆することがないようにできている。どんなに波を被っても大丈夫だから姿勢を変えないで落着いてその位置を守り、操縦者の作業を妨害しないように注意しなければならぬ。指揮官は梯の上と下に補助者を置くことが必要である。

2、小舟の上からの射撃

小舟には舳(へさき)に近く重、軽機関銃の射撃設備をし、敵岸近くなって敵火を受ける時には指揮官の命令で射撃しながら前進するのであるが、舟が動くため照準が困難であるから射手は目標付近にある森林、家屋、山頂などに補助目標を定めておき、舟が浪の上に浮び上った瞬間目標を見つけて撃つ着意が必要である。軽機関銃で撃つ時には舟の動きに合せて身体を屈伸し、擲弾筒を撃つ時には止板(駐板)を舷側上に置き、舟が水平になった時に発射するのがよい。この時は止板の下に土嚢を準備する。重機関銃で射撃する時は歯弧および駐螺桿を外し舟の動きに応じて身体を屈伸する。

歩兵砲で射撃する時は舟に砲を固定し適当な照準高を得るように必要な設備をし、舟長は射方向と舟の前進方向とを一致させ、砲手は舟が波の最高点に達した時に発射する。

3、勇敢に跳び込め

敵火を冒しながらいよいよ岸に近づいて小隊長の「跳び込め」の命令があったら勇

猛果敢に跳び込むことが一番大切である。浪があっても少々深くても救命胴衣を着けて跳び込めば絶対安全である。たとえ脚がつかない深さでも浪が自然に岸に押し運んでくれるものであるから安心して他人に後れを取らないよう跳び込まねばならぬ。石花礁（サンゴ礁の一種で石灰岩の岩盤が露出した状態）の海岸では竹杖を持って足下を探りながら静かに歩くことが必要である。舟の右（左）側から跳び込む時には銃を右（左）手に持ち、左（右）手で舟舷を握り左（右）足を足掛けに掛け右（左）足で舟舷を踏み切り、膝を屈め重心を低くし、銃を高く持って脚を開き、両足同時に地に着くように跳び込むのである。

軽機関銃を揚げるには一人の銃手が先ず跳び込み、銃を受け取り分隊長に続行して射手となる。

重機関銃を揚げる場合は二名の銃手が先ず舟の一側に跳び込み、舟内の二人が協同して銃を射撃位置より後方に引下げ前、後梶を付けた後、これを先の二人に渡す。受取った二人は協同して運ぶ。分隊長は右の動作を指導した後に速やかに跳び込み銃とともに上陸する。浪の高い時は四人搬送または分解搬送するのがよいことがある。

4、陸に上ったら勝ちだ

河童が陸に上っては役に立たぬが、我々は陸に上れたらもう占めたものだ。戦は勝ちだ。対手(たいしゅ)（対戦相手）は支那兵以下の弱虫で戦車も飛行機もがたがたの寄せ集めである。勝つには決まっているがただ如何にして上手に勝つかの問題だけだ。上陸の場所によっても違うが、アスファルトの自動車道が四通発達している所もあるから、なるべく速く敵地の自動車を分捕り、敵のガソリンと敵の糧食で戦争することや、少数の勇敢なものが夜を利用して深く敵の中に入り込むなど敵を呑んでかかる気持が大切である。

5、救命胴衣は大切に

舟の中では命の恩人であった救命胴衣も上陸すると厄介者扱いにされる。そんな薄情なことではならぬ。指揮官の命令で海岸付近の発見しやすい場所で満潮になっても流れない所に集めて後方部隊に渡す準備をしなければならぬ。

上陸部隊が救命胴衣の紐をもぎ取って行ったため後の部隊に迷惑をかけた恥ずかしい例が少なくない。

6、濡れた兵器を錆びないように

海水に濡れた兵器は寸暇を見つけて直ちに手入をしなければならぬ。怠っていると銃や剣は錆付いて動かなくなり、弾薬は不発になることがある。

六、熱地の行軍

1、水は生命の親

暑い地方の戦争で水のことを注意すると「判り切ったことだ」と馬鹿にして聞くであろうが、経験のないものには判らないほど水は有難く、得難いものである。水は水筒のほか別にビール瓶か何かで余分に持って行くことが便利である。一日の水の量は暑さによって違うが少なくとも一人十リットル、一馬六十リットルの標準で考えておかねばならぬ。しかし水は何処でも得られないから各人は良い水を得た時に補充をし、節約して飲むことが大切である。渇きを覚えても一度に沢山飲まず、時々少しずつ飲むようにするとよい。また甘藷、パイナップル、椰子の実（中に一、二合の水あり）なども渇きを医する（治す）のによく、山地では籐を切ってその切口を吸うのもよい。熱帯地方には籐蔓の非常に大きなものがあるがこれは沢山水を含んでいる。これを採るには先ず蔓の下部を切り、その切口に器を置いて二、三尺上の方をさらに切り落とせば切り取った部分の中の水を受取ることができる。総じて籐蔓類で水を含むものは無害であるから安心して飲んでよい。

馬に対しては時々水に食塩を入れてやる注意が必要である。

2、よく眠りよく喰え

行軍は戦況さえ許せば夜から朝にかけて涼しい間に行い、日中の暑いときに休むようにするのがよいが、連続夜行軍をやると睡眠不足で却って弱る。であるから何とかしてできるだけ多く眠ることが必要である。暍病（暑気あたり）にかかるのは睡眠不足と空腹とが一番原因である。暑いときには口がまずく食欲がなくなるのが普通であるから、食事は数回に分けて食い、また唐辛とか梅干とかをなるべく多く携行して無理にでも食い、腹を減らさぬようにすることが何よりである。

行軍間の食事の一例を挙げると、

（イ）朝食は出発前半分食い出発後約二時間経って残り半分を喰う。
（ロ）昼食は十時頃および十三時頃の二回に分ける。
（ハ）夕食は普通のとおりであるが、夜行軍の場合には二回以上に分けるとよい。

3、行軍間の着装

昼間太陽のカンカン照らす行軍では余り薄過ぎる着物は光線を透して却って悪い。頭の保護は何より大切で防暑帽を被るが、さらに緑草や樹の枝などで帽子を覆い、あるいはこれらを帽子の内に入れ、または背嚢に付けることは効果がある。服はなるべくゆっくり着装し、できるだけ風通しのよいようにすることが大切である。またできたら扇子を持つとよい。

馬にも鞍の上に樹枝を挿したり防暑帽（代用品でも）や日覆（ひおおい）を付けたりすることは人と同様必要な注意である。

4、休む時には

休憩は回数を増加し三、四十分毎に二、三十分の割合で休み、日中の一番暑い時はできるだけ二、三時間の大休止を行うことが必要である。休憩すると直ちに被服装具を解き、上衣や靴を脱いで風を入れることは言うまでもないが、毒蛇の用心が大切である。草むらや樹の上にいる蛇を踏んだり掴んだりして噛まれる場合がある。特に夜間の休憩にはよく注意し、また面倒でも必ず防蚊具（ぼうぶん）をつけ、できるだけ雑草や樹の枝で燻(くす)べて（いぶして）、恐ろしいマラリア蚊をも防がねばならぬ。

5、自転車や自動車のタイヤは暑さで膨れ、機関は過熱する

自転車や自動車のタイヤは暑さのために内の空気が膨張して破裂することがあるから、半日以上行軍するような時は出発前に点検して空気圧力を標準より一割ほど減らすことが大切である。また内と外からの暑さのために機関が過熱し油が漏れるから冷却と点検とを特に怠ってはならぬ。途中水の補給が困難なことを考え、出発の時から冷却水を携行して行くのがよい。

七、熱地の宿営

1、後半夜寝冷えするな

熱帯地方でも後半夜（真夜中から夜明けまで）は急に気温が下るから汗で濡れたり、スコールで濡れた服をそのまま着て寝ると風邪や下痢の原因になるから、できるだけ着換えるようにしなければならぬ。

2、住民地は蚤と南京虫と伝染病の巣

住民地は土人の生活程度が極端に低く衛生観念は皆無であって蚤と虱と南京虫と伝染病の巣である。したがって住民地を利用する時でもできるだけ役所や公会堂を利用し、一般の民家は避ける方がよい。やむを得ず泊る場合には土人と軍隊とが直接接触することを避けるように一定区域を限って土人を他の区域に移らせ、掃除し消毒してから使わねばならぬ。こんな厄介なことをするよりゴム林や椰子樹林があったらこれを利用して露営する方が遥かに気持がよい場合が多い。

3、寺院や教会を利用する時には

迷信の深い土人の信仰心を傷つけるようなことをしてはならぬ。前にも述べたように会堂にはどんなにえらい人でも靴のままでは入らないことをよく考え、特に回教の礼拝堂は絶対に使わない方がよい。

4、毒蚊、猛獣、毒蛇にご用心

蚊に対しては防蚊具の使用、蚊取線香や除虫菊粉を燻しマラリア予防薬の服用、防

蚊膏の塗布など細心の注意を怠ってはならぬ。

猛獣に対しては敵に対する顧慮が必要なければ灯火をつけ焚火をするとよい。毒蛇を見つけたら必ず殺して肝を呑み肉は焼いて食え。これに優る強壮薬はない。

5、炊事用の燃料

マングローブという木は生木のままよく燃える。その他椰子の実の外皮、甘蔗（さとうきび）殻、籾殻なども燃料として利用することができる。

6、兵器を盗まれるな

疲れて眠ると兵器の置場も忘れ勝ちになり土民に盗まれることにもなるから、軍の威信のためにも注意しなければならぬ。

八、　捜索警戒

1、油断は大敵

暑さにウダッて身体は綿のように疲れ、日射病にも辛うじて堪え、宿営地につきやれ一休みと思う間もなく歩哨に巡察に斥候にと新しい重大任務が課せられる。敵は勝手知った土地で準備して待っているから、我に少しでも隙があると反撃、待伏などをやることができる。全軍を休ませるためには疲れた身体に鞭打って立ち、眼を光らし耳をそばだてて警戒に捜索に、任務を全うしなければならぬ。

2、歩哨に立ったら

場所をよく選んで風通しのよい所で直射日光を避けるため必要な設備をなし、できるだけ背嚢などを下ろして肩を軽くする代りに、全軍の安危を担って立つ責任を忘れてはならぬ。

3、斥候を出すには

なるべく自転車などを利用し、軽装させることが必要である。土民を道案内にしたり情報を採らせたりすることは有利ではあるがよく嘘をつき、あるいは言葉が通じないために誤解を起すことが多い。またつまらぬ流言を信じ雷同しやすいから絶えずその動向に細心の注意を払うことが必要である。

九、戦闘

1、長い船旅も暑い行軍もこの一戦のため

上陸して敵にぶつかったら親の仇にめぐり合ったと思え。長い苦しい船の旅や暑い激しい行軍もただこの敵を破るための道草であった。鬱憤（うっぷん）を晴らすのはこの敵だ。徹底的に殲滅しなければ腹の虫が納まらぬ。特に緒戦が大切だ。

2、スコール（猛夕立）と霧と夜とは我等の味方

西洋人はハイカラで柔弱で臆病であるから雨と霧と夜の戦さは大嫌いである。特に夜はダンスをするが戦さをするものとは考えておらぬ。我らの乗じるべき機会はこれだ。

3、酷熱下の戦闘動作

（イ）汗が眼に入る

射撃の際照準が難しくなるから鉄帽の下に鉢巻をして汗が眼に入らないよう吸い取ることが必要である。

（ロ）太陽を背にして

太陽に向って戦さをすると照準が難しいばかりでなく敵は我をよく見ることができるが、我は敵を発見することができない。昔から名将は太陽を背に負って敵を攻めたものである。攻撃の時機と方向とはよく考えねばならぬ。

（ハ）弾丸は遠く伸び、目標は近くに見える

暑い時は寒い時より空気が希薄であるから弾丸が遠くに伸びる。太陽の光が強く物の色がはっきりするから目標は近くに見誤りやすい。射撃の際特に注意しなければならぬ。

（ニ）兵器をいたわれ

火砲も内と外からの過熱で砲腔の膨張や駐退および復坐機能の変化を起しやすい。発射速度、射撃時間を適当に制限し点検、手入を十分にし、また休む時にはなるべく日陰に入れて可愛がってやらねばならぬ。

4、逃げる敵の止めを刺すには

退却する敵を捕捉する際には敵に先回りして水源地、井戸、泉を押えることは着眼すべき一つである。

5、守る時には

資源を護り鉄道や港を守備するときは少ない兵力で広い地域を持たねばならぬから色々工夫して障害物を造ったり、土人を懐柔使用したり、崖や密林や湿地などの地障を利用したりして我は労せずして敵を疲れさせることを考えねばならぬ。また水の準備を十分にするとともに敵に水を得させないように工夫し夜間、霧、雨などを特に注意警戒し、敵になるべく炎天下遠距離より我を攻撃させるように着意することが必要である。

一〇、瓦斯防護

1、防毒面を勝手に離すな

今度の敵は支那兵と異なって瓦斯を使うかも知れぬ。苦しいからといって勝手に面を捨てるとまさかの時に間に合わぬ。

2、装面の行動時間

炎熱下静止時における装面は連続一時間内外は容易であるが、装面のままの行動または戦闘は一時間以上は無理である。

完全防護の運動および作業は連続約十五分を限度としなければならぬ。これを超えると著しく体力を消耗するから回復には特別の注意を払わねばならぬ。

装面して行う馬の運動は連続駈歩(かけあし)概ね十五分が限度である。

3、装面するには

面をつける時汗のため滑ってなかなか難しいから、顎を十分防毒面の中に挿入し、これを支えとして両手で大きく締紐を上後方に引っ張りながら確実に被る注意が必要である。

4、防毒面の手入

使った後では乾いた布で十分汗を拭き取って乾かすことが大切である。

5、吸収缶は湿らぬように

熱帯地方は湿気が非常に多いから防毒面の吸収缶は底の栓を十分にし、油紙を確実に付けて湿気を防がねばならぬ。また上陸や渡河の時には水が入らぬように連結管を挟み特に底の栓を忘れるな。

6、防毒被服は裸で着るな

ゴム製の防気被服を暑いからといって直接裸体で着ることは却って直射日光の影響を受けるのみならず瓦斯の危害を受けやすいから、必ず下着類を着た上で防毒衣を着なければならぬ。完防（完全装着）の際暑さを少しでも緩和するにはできれば防毒衣の上から時々水をかけるとよい。

一一、通信兵のために

1、地棒に水を

雨の少ない季節では地棒（アース棒）の接地抵抗が非常に大きく、特に岩石地、海岸砂地などでは地棒の地位に十分水を注ぎ、水の無い時には西瓜やパパイヤなどの水分の多い果実、野菜類を砕いて地中に埋め、これに地棒を押し込むか、あるいは草木のある所を選ぶか、場合によっては古い被覆線二、三百米（できるだけ長い方がよい）を対地線として地上に敷けば地棒の代りになる。

2、無線通信は何に注意するか

（一）無線機の湿気を防ぐことに特に注意しなければならぬ。このためには、

（イ）水晶片は湿気のため発振不良または全くしないことがある。使わぬ時には必ずパラフィン紙で包まねばならぬ。

（ロ）雨期においては現制スーパー受信機（スーパーヘテロダイン式受信機）は短波を使用する場合局部発振が止まりやすいから、真空管および乾電池に注意しなければならぬ。

（ハ）軍通信隊用および固定無線送信機は電圧も高いから雨期においては特に湿気、水滴などに注意せねばならぬ。高圧を負荷する前、扇風機で乾燥するかまたは心線（無線機内部の回線を接続する細い銅線）のみを点火し、その熱で乾

燥するなどの着意が必要である。

(二)各部の接続線に使ったエンパイヤチューブ（電線に被せる電気絶縁物）は暑さのため塗料が溶けて隣の線と粘着し、両線間の絶縁が悪くなりやすい。

(三)乾電池はできるだけ乾燥して涼しい所に格納する必要がある。

(四)空冷式発動機は暑さのため冷却不十分となりやすいから運転時シリンダ蓋の温度に注意し、焼付を起さないようにする必要がある。

(五)空電（雷などの自然現象によって発生する電波）のため中波の使用が困難なことが多い。

(六)汗のため電鍵が短絡（ショート）し、また受話器は頭、顔、耳部の流汗で短絡し、受信困難となる。

3、視号通信（目に見える方法で行う通信）をなす時は

光線が強くて眼を刺戟するから通信手には特に遮光眼鏡を使わせることが必要である。

また直射日光下の回光通信（光の明滅による通信）には赤色が最も有利である。

4、通信兵の交代

通信は疲れるから通信兵の交代はできれば約二時間以上にならないようにするとよい。

一二、自動車兵のために

1、意気で通れ

自動車は人の行ける所なら必ず行ける。道が狭くなったら切り拓き、崖にぶつかったら四、五十人が束になって引っ張れ。自動車は意気で通る。担いでも突破せよ。

2、車の整備はよいか

一本のボルト、一つのナットでも緩んだり落ちたりしては自動車は動かぬ。どんなに疲れても点検、給脂、整備を完全に、いざ鎌倉で不覚をとるな。オイルは、水は、空気はよいか。電気火花は強いか。

3、ガソリンの一滴は血の一滴だ

ガソリンは自動車の血液である。これが無くては車は動かぬ。
作戦地は温度が高いのでガソリンは揮発しやすいから高速ノズルを開き過ぎるな。
また始動が容易だから停車したら直ぐに発動機の回転を止めよ。

4、発動機の回転を無暗に上げるな

始動と同時に瓦斯を上げて飛び出すことは禁物だ。熱のためオイルは熱くなり薄くなっている。殊にアスファルト道では地面の輻射熱で益々ひどい。この時うっかり回転を上げるとオイルの回りが焼付を起す。少なくとも最初の五分間位は低速でじわじわと回転を上げねばならぬ。

5、濡れた時

クランク室に海水が入ったら直ちに新しいオイルと交換せよ。そのまま放っておくとシリンダの中へ吸い上げられ、ピストンやシリンダ壁に錆を生じ、焼付の原因となる。

不意にスコールに遭ったら自分は濡れても電気諸装置だけは濡らさぬように、濡れたら直ぐに拭え。

6、オイルは、水は

熱のためオイルは熱くなり薄くなって粘りがなくなる。そうなるとシリンダの壁を洗うピストンの頭の炭煤（たんばい）（すす）をクランク室に流し込む。だからオイル量が規定通りあるからといって安心してはならぬ。必ずオイルを拇指と示指の頭につけ、粘り具合と色を見よ。黒ずんで煤が入っているのは禁物だ。

冷却水は休止の度に検査し、絶えず補充に心がけよ。しかし塩分を含んだ水は使わない方がよい。できれば出発の時持って行け。

一三、兵器を愛せ

1、錆び、黴び、曇る

銃も暑いのは厭だという。人が休む時には一緒に休ませてやり水を飲ます代りに油を多くやることが大切である。空気や水を入れてある兵器（駐退機のような）は膨張し、精密兵器類は著しく精度が低下する。

鉄は錆び、革は黴び、硝子は曇るから手入を十分にしなければならぬ。

2、規整子は最小分画に

高温のため自動火器の銃尾機関は運動が円滑になるから、規整子（自動操作に利用する発射ガスの量を調整する装置）は必要の最小分画（目盛）にし、また駐退液は耐熱度の高いものを用い、要すれば多少これを排出して量を減じる注意が必要である。

3、眼鏡や測機類は湿らぬように

眼鏡や測器類は酷熱に対する交感（影響）が大きいから防熱の処置が大切である。特に急に温度が変ることは精度を低下し、あるいはガラスに水滴を生じるから夜間などは毛布類に包んで昼間の温度と大差ないようにしておく注意が必要である。

一四、給養

1、給水と消毒

汚水は至る所にあるが清水は容易に得られない。川や湖沼には土人は平気で大小便をするから土人が飲料にしているものでも病菌が充満しているので、濾水器で濾した水を飲むのが一番間違いがない。また必ずクレオソート（正露丸の有効成分）を飲むことを怠ってはならぬ。よい水源を見つけたらできるだけこれを確保し、汚すのを防ぎ要すれば歩哨を立てて監視する必要がある。汗のひどい時は湯茶に約〇・八パーセントの食塩を入れ、また井戸水を消毒するためには晒粉をビール瓶に入れ、水を加えて振ったものの上澄みを井戸に投込み、汲上げた水が微かに晒粉の臭う程度まで加えて用いれば安全である。

2、腐りやすい飯を腐らぬようにするには

（イ）麦飯よりも米飯がよい。
（ロ）米は十分洗って炊け。
（ハ）飯は硬めにし炊き終わってから水気を十分発散させた後容器に詰めるとよい。
（ニ）飯盒炊事が釜炊きよりもよい。

（ホ）梅干は一食に二、三個を入れよ。
（ヘ）炊く時に食塩か梅干または酢を少量加えるとよい。
（ト）防腐錠一錠を飯盒一本に入れて炊くと効果がある。
（チ）飯盒、飯行李（はんこり）はなるべく熱湯で洗い、十分乾かして詰めよ。
（リ）二食分を携帯する時は一食分毎に容器を別にせよ。
（ヌ）詰めるには軽く入れ、できれば容器と蓋の間に麻布類を入れ水を吸収させるとよい。
（ル）飯盒や飯行李は背嚢の外につけ樹枝などで十分に覆い、休む時には日光に曝すな。
（ヲ）副食物は乾物か罐詰がよい。ただし罐詰は食事の直前に開け。
（ワ）携帯口糧は湿らぬ袋に入れよ。
（カ）セロファン筒による炊飯（セロファン筒に米と水を入れて沸騰した湯に三〇分ほど入れておくと簡単に飯が炊ける）は極めて有効である。

3、どんな果物は食べられるか

果物の利用は保健上何よりよい。次のようなものは毒があるが、その他は大概食べられる。
(イ)色の鮮明過ぎるもの。
(ロ)強過ぎる匂いのあるもの。
(ハ)甘過ぎてサッカリンのようなもの。
(ニ)花が美麗過ぎるもの。
(ホ)樹が低く葉に美しい色や斑のあるもの。
(ヘ)マンゴーを食べるときには牛乳(山羊乳)や酒を一緒に飲んではならぬ。

一五、衛生

前にも述べたように熱地作戦とは色々な病気との戦争だ。特別に注意を要することはマラリアと暍病と脚気と毒蛇である。その他コレラ、チフス、ペスト、天然痘、結核、癩なども年中どこにでもある。また敵は苦しまぎれにこれらの恐ろしい黴菌を撒くかも知れぬ。用心には用心を重ね、敵の放棄した井戸や糧食などはうっかり利用してはいけない。

暑さに犬まで狂ってか狂犬病が多い。噛まれたら速く診断を受けねばならぬ。

1、マラリアはどうして罹るか

マラリアは最も注意しなければならぬ。昔から熱地作業ではマラリアを防ぐことができるかどうかで成功するかどうかが決まると言われたくらいだ。一人の友軍の新しいマラリア患者は、土人のマラリア患者より有力なる伝染源となる。したがって自分のためばかりでなく軍全般のために早く診断を受けて処置して貰え。

マラリアは蚊によって伝染するものである。マラリア蚊は内地にはほとんどないが熱帯には各地に多い。その種類も沢山あるが止る時に尻を上げて止るのが一番見やすい特徴である。汚いどぶ水にボウフラがわくから一般にマラリア蚊も同様だろうと思うが、マラリア蚊は清潔好きで溜り水にはうかぬ。山間の清流や海岸の淡水と塩水の交流する所などに多い。

内地では藪に蚊が多いからジャングル地帯に多いようにも考えられるが、マラリア蚊は山地のジャングルにはほとんどおらぬ。ジャワやマレー地方ではマラリア予防のため法令を設けてジャングルの切開きを制限している所さえある。マラリア蚊は薄暮から前半夜（夕暮れから夜半まで）にかけて最も活動するが夜半以後は却って減少する。また別に藪蚊がいるがこれはマラリア蚊と異なって昼間活動し、これに刺されると熱病に罹ることがあるから、昼間の蚊でも油断はならぬ。寝るときに蚊帳を吊ることも大切であるが、起きているときに刺されぬ工夫がより必要である。予防薬は教えられたとおりに服用し、防蚊具をつけ防蚊膏を塗ることを怠ってはならぬ。

2、暍病とは何か

暍病（えつびょう）とは日射病のことである。病後間もなく身体が衰弱しているもの、食欲不振のもの、睡眠不足のもの、マラリア原虫保有者などは特に罹りやすいから注意しなければならぬ。暍病は先ず汗が多く出て身体が熱くなり顔色が紅くなるが、段々汗が止み気力が衰え、呼吸が苦しく動悸が高まり、顔が蒼くなって躓（つまず）きやすく今にも倒れそうになる。この時すぐ日陰で休むと間もなく回復するが、放っておくと意識不明になって倒れてしまう。

3、暍病にかからぬ為には

給水を十分にし寝不足と空腹とを防ぐことが何よりの予防薬である。

4、罹ったらどうするか

背嚢を下し、水を飲ませ、冷水を全身にぶっかけ、呼吸不十分のときは人工呼吸をやり、身体を安静にし、回復後であっても過早に行動させてはならぬ。

5、蛇に咬まれるな

熱地の毒蛇はその種類が多く何れも猛毒をもっているから、咬まれたら直ぐ処置しないと死ぬことが多い。

蛇の最も多く棲む所は山地の叢林と水辺であるが、平地や樹の上に棲むこともある。人を見たら逃げるから先頭の兵が竹竿を持ち、蛇払いをやりながら行進すると被害はない。咬まれるのは不注意で踏んだり、樹の枝と一緒に掴んだりするからである。咬まれたら即刻傷口より心臓に近い所で二箇所を強く縛り、毒が心臓部に流れ込むのを防ぎ、傷口を小刀などで刺して血を口で十分吸い出し、速やかに衛生部員の手当を受けねばならぬ。蛇の種類によって手当する薬が異なるから、咬んだ蛇の種類を見届けることは是非とも必要なことである。

6、脚気になるな

脚気は主としてビタミン欠乏によって起るが熱地では特に罹りやすい。偏食をせず、新しい野菜や果物をなるべく多く摂るとよい。

一六、馬衛生

馬は暑さに馴れるまではよほど大事にしないと弱りやすい。最初に一番注意せねばならないのは日射病および熱射病と蹄葉炎（ていようえん）（蹄内部（ひづめ）の血行不良による炎症）である。それから人のマラリアのように血液中に虫が寄生する病気のトリパノゾーマ症（ツェツェ蝿によって媒介される）に侵されることが多い。これらを予防することが熱地における馬衛生上特に重要である。

1、馬を大事にせよ

馬はものを言わない。熱くてもどんなに喉が焼けても、どんなに疲れてもただ命じられるままに死ぬまで働く戦友である。だから馬の身になって可愛がってやらねばならぬ。

忘れてはならないのは腹一杯食わせてやること、特に青草や干草を十分やること。穀類がなかったら稲や藁だけでもよい。馬の口に入るものは何でも馬糧である。また一日に何回でも水を飲ませてやること、さらに食塩を忘れずに舐めさせることが大事である。また日中の行動では防暑帽を用いるかあるいは草や木の枝をもって日覆をしてやることは日射病予防上有効であり、できれば日中は休ませて夜間の行動が望ましい。

2、日射病、熱射病とは

馬には最も危険な病気であって人の暍病と同じである。呼吸が非常に早くなり全身に大汗をかく。馬は急に元気がなくなり、休ませても頭を垂れて元気はなく、食欲がなくなる。

これを予防するには防暑帽とか木の枝で頭を保護し、飲水と馬糧を十分与え、胃腸の消化をよくするために食塩を忘れぬことである。

3、蹄葉炎とは

暑い時の激動の後あるいは長途の汽車または船舶輸送の後に重い跛行（はこう）（歩行に支障がある状態）を来す蹄の病気であって、時として日射病、熱射病と同一原因で来ることもある。歩いている間は跛行は明らかでないが、休むと却って明瞭となるのが特徴である。応急の手当は先ず蹄を冷やすこと、穀類をやめ青草または干草だけにすることがよい。

4、トリパノゾーマ症とは

蝿や蚊が媒介する暑い地方に限られている伝染病で、馬のほか牛、水牛、犬にも罹り、これに罹ると人のマラリアのように時々高熱が出て元気がなくなり、次第に貧血し多くは死ぬ。

予防法はなるべく虻(あぶ)、蝿のたからぬように工夫することである。

5、水牛、黄牛の使い方

水牛は体は大きいが割合おとなしい。湿地の行動が上手で力が強い。物を載せるときは腰の上に載せる。これを使う時には一時間毎位に体に水をかけてやるか、泥を塗ってやることが大切である。それでないと荷物を載せたまま水の中に入ってしまうことがある。また飼料は干草、青草に少量の穀類を与えればよいが、飼与後約二時間反芻の時間を与えてやることが大切である。

黄牛(こうぎゅう)(肩に小さなこぶがあり暑さに強く台湾、中国、タイなどで飼育される、おうぎゅう）の使い方は日本の牛と大差はない。

牛は一般に赤い色が嫌いであるから使わぬ方がよい。

一七、特種地形の行動

熱帯地には竹林、ジャングル、甘蔗畑などが多いがその内の一般行動は森林内と同様であって瓦斯警戒、火災予防などに注意するほか、布で頬被(かぶ)りし手袋をはめて棘(いばら)を避けることが必要である。

以下特別に注意を必要とする点を述べる。

1、竹林内の行動

竹林は内地のと違って一株から数本ないし数十本ずつ群生し、枝には棘(とげ)があり株の内に踏込むことはできないものが多い。竹林を通る時には竹林の疎(まばら)な間を通り、下枝を切り落としまたは竹幹を切断して肉の白い部分を道標にしながら進む。竹林を正面から攻撃する場合はなるべく竹林の間隙から突入するのがよい。

竹林を利用して防御する時はこれを障害物とし、または遮蔽に使うのが有利であるが敵の弾丸が竹に中って凄まじい音を発し、兵に厭な感じを与える不利があることを考えねばならぬ。

2、ジャングル内の行動

ジャングルとは雑木、雑草、荊(いばら)などが十重二十重(とえはたえ)に絡み合っている密林をいい、猛獣、毒蛇、害虫の棲家(すみか)であって軍隊の通過は極めて困難であるから、これを通過する時には特別の作業隊を作る必要がある。しかしこのような地形に弱い西洋人には不向であるから、その裏をかくためしばしばこれを突破しなければならぬ。準備して断行すれば大丈夫だ。ただ方向の維持と水の補給が何より必要である。

3、甘藷畑内の行動

甘蔗畑内を行動する時には満州の高粱(こうりやん)畑通過と同様特に方向維持に注意を払わねばならぬ。このためには斥候を出して進路を標示し、梯子を携行し、あるいは樹の上から視察して誘導し、または磁石を使うのがよい。

攻撃の際はこれを利用して局部的に敵を包囲または迂回する機会がある。

防御の時は甘蔗を四十センチから八十センチほどの高さで縦横無茶苦茶に折り、鉄線を縄で結び合うと相当な障害物に利用できる。

4、湿地および水田内の行動

仏印やタイ国は日本に次いで米のできる国であって水田は至る所にあり、また大きな湿地も所々にある。これを通過する時には各人輪樏（かんじき）と杖を用い、重火器は橇に載せ、あるいは甘蔗殻や藁や簀子（すのこ）で掩覆通過をすることが多い。

輪樏をはいて前進するときは踏付けの時間をできるだけ少なくして輪樏を泥の中に突き込まないようにし、もし泥の中に深く入ったら杖によって体重を支え、片足ずつ徐々に抜く。なるべく草または稲株の位置かまたは乾いた所を選んで通るとよい。野、山砲は湿地の程度が小さい場合は車輪に履帯をかければ臂力で通ることができる。

一八、結び

今度の戦いは真に皇国の盛衰を賭けた戦いである。米国がじわりじわりと真綿で首を締めるように石油や鉄を少しずつ輸出禁止して来たのはどういう腹か、一度に全部止めると日本はやけ糞になって南方へ飛び出すかも知れない。日本に南方のゴムや錫を押さえられては米国自身が石油や鉄で苦しんでいる日本以上に苦しみに遭わねばならぬ。日本を弱らせながらひどく怒らさないようにして来たのは今日までの米国であった。

もう既に時機は遅すぎる位で、これ以上我慢していたら日本の飛行機も軍艦も自動車も動かなくなる。支那事変以来もう五年も経った。十万人以上の戦友が大陸に骨を曝したがその戦友を殺した蔣介石の武器は大部分英、米から売られたものだ。英米は東洋を永久に植民地にするために東洋民族の団結を嫌い、日本と支那とを戦わせることにすべての政策を集中しつつある。盟邦独、伊は欧州で英米ソを相手に死闘を続けている。米国は既に英国に加担して実質的に参戦しつつある。日本自身の存立のためにも三国同盟の義理からでも最早一刻も隠忍することはできない。我々は今や東洋民族を代表し、敢然として彼等数百年の侵略に最後の止めを刺すべき大使命に直面したのである。

わが無敵海軍は満を持し万全を尽くしている。五、五、三〈ワシントン海軍軍縮条約における主力艦（戦艦と空母）の保有比率で、米国と英国が五〇万トン、日本が三〇万トンとなった〉とは数字の上の比例であるが、中味を加えると五、五、七になる。しかも英国の海軍は半分は独逸に潰されてしまった。海軍としては今が一番よい潮時だ。重慶政権の臍の紐は英、米に通じている。早くこれを切らねば日支事変は永久に納まらない。聖戦の総決算は今度の戦いである。十数万の英霊は我等を見護っている。亡き戦友への供養はこの戦いに勝つことである。万里の波濤を征服し敵の所有妨害を排除しつつ不眠不休で我等を護ってくれる海軍に心からの感謝を表しつつ、十分な戦果をもってこの労に応えねばならぬ。

我等は今や光輝ある二千六百年の歴史を継承して、大元帥陛下の信倚（しんい）（信じて頼ること）に応え奉り、亜細亜民族の代表として起ち、世界歴史を転換すべき光栄ある重任を拝したのである。将兵一心世界環視の晴の舞台に大和男子の真価を発揮しなければならぬ。東洋平和の大御心を体して亜細亜を解放すべき昭和維新の完成は我等の双肩にかかっている。

海行かば水づく屍山行かば草蒸す屍
　大君の辺にこそ死なめかえりみはせじ

【参考資料一】

従軍兵士の心得 第一号

昭和十三年八月二十五日 大本営陸軍部

緒言

皇軍の世界に冠たる所以は天皇御親率の軍隊たるに基因するは申すまでもないことであるが、兵士の素質優秀なる点もまた見逃し得ぬところである。従って皇軍兵士たる者は例外なく以下記述する所のものは常に軍人の嗜として心得、自戒自奮益々その質を向上し、弥が上にも皇軍の精強に貢献する所あらねばならぬ。

一、皇軍の一員たるを自覚せよ

畏くも我々皇軍軍人は一兵士といえども斉しく大元帥陛下の股肱（忠実な部下）である。先輩戦友は幾多の戦役に赫々たる戦捷を博し皇運を扶翼し（助け）奉り、今や厳然たる皇軍の存在は国民をして敬仰措く能わざらしめ、列国をして驚異の目を瞠らしむるに至ったのである。その一員たる軍人はその名誉を荷うとともに重大なる責任を感ぜねばならぬ。

苟も大元帥陛下の股肱たるに恥ずるが如き行為、または先輩戦友の勲を傷つけ、国民の期待を裏切り或は列国の嗤を買うような行為があっては相ならぬ。

一に御勅諭を奉戴し日夜その御訓に遵い各々その本務に邁進すべきである。

一、肇国（建国）の理想を把握し皇軍の使命と時局とを正しく認識せよ

八紘一宇の大精神は我が肇国の理想である。この理想を実現するは我が皇軍の使命であり、現下の時局は正にこの大理想顕現のための聖戦である。

この理想を実現するにあらざれば世界は永久に平和たり得ず、人類は遂に幸福たり得ぬのである。

我等はこの聖業に翼賛しつつある名誉と責任とを痛感せねばならぬ。

支那事変一周年に際し畏くも天皇陛下には内閣総理大臣を宮中に召され優渥（広く恵みを受ける）なる勅語を下賜あらせられ、「今にして積年の禍根を断つに非ずんば東亜の安定永遠に得て望むべからず、日支の提携を堅くし、もって共栄の実を挙ぐるは是れ洵に世界平和の確立に寄与する所以なり」と訓えられ、また陸海軍大臣を召され、陸海軍人に対し優渥なる勅語を賜い「時局の前途はなお遼遠にして出師（出兵）の目的を達せんが為汝等の努力に俟つもの寔に多し、汝等軍人其れ克く朕が意を体し、宇内（世界）の大勢と時局の本質とを察し、愈々自彊淬礪（自分を励まして鍛え上げる）以て朕が股肱たるの本分を全うせんことを期せよ」と仰せられておる。洵に感激に堪えぬ。渾身の努力を致して聖慮を安んじ奉らねばならぬ。

一、人生を達観せよ

人生は決して享楽することが目的でもなくまた幸福でもない。昔から歓楽極まって哀愁多しと言っている。享楽の後には必ず寂しさが来る。苦労は決して不幸ではない。苦は楽の種である。如何に苦労しても過ぎ去れば極楽である。愉快な思い出となるものである。

私欲には限りがない。故に私欲を追っていてはどこまで行っても満足は得られず、不平不満が絶えぬ。不平不満の生活は不幸である。私欲を去れば何の屈託もなく世の中は明朗である。私欲を去り一意専心、一心不乱、正しい道即ち誠の道を真直に進む。これが人生最大の幸福である。正を履んで（歩む）邁進する、百万人と雖も我往（ゆ）かんである。死生また何かあらん、死もまた幸福である。

彼の楠木親子を見よ、また私欲を滅して君国に殉じた忠勇なる戦死者を見よ。何の享楽もなく齢（よわい）若くして世を去っても永久に護国の神として崇敬せられているではないか、これに反し栄耀（えいよう）栄華を極めた清盛を見よ。その末路は如何であったか。

軍人たるの本分を忘れ、私欲の奴隷となり刹那（せつな）的快楽を得ようとすれば結局軍紀を紊（みだ）り軍律に照らして処分せられるか、或は天罰を受けて悪い病気にでも感染するのが落ちであろう。

斯くして十分に御奉公が出来なかったならばどうして万歳声裡（バンザイの声で）に送ってくれた郷党（きょうとう）（郷里の仲間）に、そしてまた日夜蔭膳を据えて武運長久を祈っている家族に会わす顔があるであろうか。

一、上官に対しては心より絶対に服従しかつ礼儀を正しくせよ

至誠上官に服従する、これ即ち大御心に副（そ）い奉る所以であり、軍紀の源泉、軍隊成立の根幹である。

人の顔の異なるように人の考えは必ずしも一様ではない。しかし軍人が夫々考えが違うからといって自分自分で勝手気儘をやったならば戦はできぬ。絶対に勝利は得られないのである。

衆心（多くの人の心）指揮官の心に帰一し、謹んで命令を服行して始めて偉大なる力を発揮し、戦捷を得るのである。

礼儀は秩序を保ち人の和を得る所以である。秩序なく和のない軍隊は烏合の衆に過ぎない。戦時倥偬（いそがしく苦しい）の際と雖も礼を忘れるべきではない。

この心掛けは他部隊の上官に対しても同様である。隷属系統が違うからといって服従の道を誤り、礼儀に紊り（乱れ）苟めにも上官に対し不遜がましいことなどあっては相ならぬ。

一、同僚は互いに犠牲となるを楽しみ、かつ礼節を忘れるな

何事によらず人の和は大切である。殊に軍隊において然りである。人の和を害するものは我儘であり、利己主義であり、礼儀を欠くことである。

軍人は宜しく犠牲的精神旺盛に人の嫌がる仕事、苦しい仕事、割の悪い仕事は自ら進んでやる気概がなければならぬ。お互いにこの心掛けをもって人の為に犠牲になることを楽しむ境地に達し得たならば決して不平もなく、不満もなく、また他人を憎むようなことはないのである。斯くしてこそ真に愛によって結ばれた団結鞏固なる軍隊が作られるのである。互いに愛して而も礼節を失わぬ、これこそ真に鬼に鉄棒である。

この心掛けは特に他部隊の戦友に対しても必要である。

一、家庭は後顧の憂のないように整理せよ

家庭に後髪を引かれるようでは到底戦場において十分な働きはできぬ。併し人情として家庭に心配事を残しておいたのでは後髪を引かれざるを得ないであろう。勿論銃後の国民は従軍兵士に後顧の憂なきよう世話しているのであるが、軍人は常に自ら家庭を整理しておくことが肝要である。併し不幸にして自活し得ぬ家族を残して出征せねばならぬものもあるであろうが、斯くの如き場合には正直にその旨を市町村長なり上官なりに申出でておけば宜しい。また戸籍などもよく整理しておかねばならぬ。婚姻したものは必ず市町村長に届出をなし、死後紛糾など起らぬようにしておくことを要する。

また一度戦場に臨んだならば固より生還を期せず勇戦奮闘、身を敵弾に粉砕し、一片の肉片をも止めないことは武人の本懐とせねばならぬ。したがって常に遺骨が帰って来るものとは限らぬのであるから、家族に十分その覚悟をさせておくとともに

に、あらかじめ写真や遺髪などを家族に残しておくことが必要である。

一、鉄道船舶の輸送は行軍と心得よ

鉄道船舶の輸送は兎角(とかく)旅客気分になりやすい。それは大きな誤りである。鉄道船舶輸送がうまく行かねば大作戦は出来ぬ。輸送軍紀を厳守し、何の遅滞も故障もなく整々確実に実施せねばならぬ。一寸の油断から取り返しのつかぬ怪我をしたり、材料や馬匹を転落させたり、汽車の窓から頭を出したり、旗を振ったり、所定の場所を無断で離れたり、灯火を乱用したり、居所を不潔にしたり、喧噪に流れたりするのはともに宜しくない。特に勝手に下車するが如きは厳に戒むべきことであって、万一乗り遅れでもすれば落伍者たるの不名誉を担わねばならぬ。

一、行軍宿営間は勝手に隊列を離れ或いは命令なしに単独行動をしてはいけない

戦に勝つためには軍隊は常に指揮官の掌握下にあらねばならぬ。勝手に隊列を離れたり、命令なくして単独行動などすることは許すべからざる不軍紀行為である。万一斯くのごとき行為をするといざという場合に間に合わず不覚を取るばかりでなく、往々戦地には敗残兵や便衣(べんい)隊（民間人を偽装して敵対行為をする軍隊）などが横行しているから、不慮の災厄に遭遇しやすくかつ遭遇しても本隊に知らせることもできないのである。

また一寸した出来心から誘惑に陥りやすく、勝手に民家に入って品物を取り出したり、女に戯れたりして土民から惨殺され、あるいは捕虜とされたりして行方不明者となる虞がある。

行方不明者は如何に不名誉であり、また如何に隊長や家族やその他の関係者を悩ますかを深く考えねばならぬ。

一、戦闘間は生死を超越して勇敢なれ、而してあくまで必勝の信念を堅持し、最後まで頑張り通さねばならぬ

義は山嶽よりも重く死は鴻毛（こうもう）よりも軽（かろ）しと覚悟し、死生を超越して勇戦敢闘するは古来皇国軍人の伝統である。凡（およ）そ生死は運命である。畳の上でも死ぬものは死ぬ、弾丸雨飛の間でも死なぬものは死なぬ。したがって生死は心配しても如何ともすることのできぬものである。命じられるがままに生死を忘れ、運を天に任せて勇敢に行動すべきである。影日向（ひなた）なく正しく強く行動する所、鬼神も避くべく、神仏の加護もあるであろう。

切り結ぶ刃の下は地獄なり
身を捨ててこそ浮ぶ瀬もあれ
（一歩踏込めあとは極楽）

これ武勇の真髄である。

また戦闘の勝敗は決して損害の大小などによって定まるものではない。負けたと思った方が負けで、最後まで勝利を信じた方が勝である。ナポレオンも「戦闘の勝敗は最後の五分間に在り」と言っている。如何に苦戦に陥っても決して弱音を吐いてはいけない。断じて必勝の信念を失うべきでない。自分の苦しい時は敵もまた苦しいのである。最後の頑張りが大切である。

而してその頑張りは敵を殲滅するまで通さねばならぬ。一局部の勝利に満足し、安心して追撃の気力がなくなるようではいけない。果敢なる追撃によって始めて勝利を完全にし、次の戦闘を省き得ることを肝銘すべきである。

一、滞陣間は素より余暇あらば常に訓練を励み、次の戦闘準備に精進せよ
訓練が精到でなければ到底赫々たる勝利を得ることは出来ぬ。訓練のために流す汗は戦闘における血に値する。

訓練はせんでも、いざとなれば命懸けでやればよいというが如きは大きな誤りである。準備なくして良果を得ようとするのは虫が良過ぎる。心手期せずして実行し得るほど訓練し（体が勝手に動くように鍛錬し）ておいてこそ戦闘において始めて必勝の信念堅く十分な働きが出来るのである。日本海々戦には我は一艦も失わずして「バルチック」艦隊を全滅し得た蔭には血の滲むような猛訓練があったことを思い起さねばならぬ。

人事を尽くして天命を待つ、そこに天佑神助も現れるであろう。

一、常に衛生を重んじかつ積極的に健康を増進せよ

健康は御奉公の原動力であり、健康を保全しかつこれを増進することは訓練と同様戦闘準備の一つである。故に常に健康の増進を図るとともに衛生に注意してこの保全に努めねばならぬ。病気をしては働けぬ。自分が苦しむのみでなく他人に迷惑を掛け戦力を減殺することが夥しい。病気は気力の減退と不節制と不注意などから来る場合が多い。故に常に気力を旺盛にし、欲を制し、注意を倍蓰（五倍）することが肝要である。暴飲暴食は食い貯めにもならず、また飢餓に苦しんだ後の埋め合わせにもならず、あるからといって餓鬼道に陥ってはならぬ。また生物や腐敗した

ものあるいは生水などの使用は極めて危険である。現在の戦地は常に伝染病が流行し、かつ細菌戦が行われぬと断言し得ぬことをも考えておかねばならぬ。石田三成が刑場に送られる途中においてもなおかつ熟柿(じゅくし)を辞退したという武士の嗜を思わねばならぬ(柿は腹を壊すことがあるから、たとえこれから死刑になってもその瞬間まで体を大切にしなければならない、という石田三成の嗜)。

一、情を以て馬を愛護せよ

馬は無言の戦士である。彼等にも故郷もあり飼主もありまた親兄弟もあったであろう。それが遥々(はるばる)と戦場に送られ、黙々として忠実に働き、力尽きては苦しさも訴えることなく、異郷の土と化すのを見るとき、誰か一掬(きく)の涙なきを得るであろうか。可憐なる彼等もまた我等の戦友である。労(いたわ)ってやるべきではないか、情を知らぬ真の軍人ではない、路傍一本の草でも労る心さえあれば馬を慰め得るのである。鵯(ひよどり)越(ごえ)の畠山重忠の古事を偲ぶべきである。馬は主人に似るという。乱暴な主人に扱われると乱暴になり、忠実な主人に扱われると忠実になるものである。主人の心はよく馬に通じるのである。愛馬心の有無は極度に馬の能力を左右し、損耗の大小に影響する。戦場における馬の価値が偉大であることに鑑み、かつまた皇国馬産の豊富ならざるを思い、馬の愛護に関し遺憾なきを期さねばならぬ。

明治天皇御製（ぎょせい）

人ならばほまれのしるし授けまし

軍のにはにたちし荒駒

水をさへみづからかひてものゝふは

手馴の駒をいつくしむらむ

一、兵器を大切にし、資材を愛護節用せよ

刀は武士の魂と我々の祖先は言っておった。我々軍人は兵器の使用によって戦闘任務を達成することができる。その兵器を大切にせぬようではいざというときに故障百出、何の役にも立たず、無用の長物になり終わるであろう。平素からよく兵器を愛護し、その機能を完全にしておいてこそ初めていざというとき思う存分働き得るのである。兵器には我々の精神を打ち込まねばならぬ。死物として取扱うべきではない。

また兵器の製作には幾多の資源と工業力と時日とを要する。帝国の資源、工業力ないし銃後国民の負担などに思いを致し、兵器を粗末にしたり、弾薬を浪費するが如きことがあってはならぬ。殊にこれらを戦場に遺棄するが如きは絶対に許すべからざることである。万一持ちきれぬ場合には必ず上官に報告してその処置を仰ぐことが必要である。

被服、糧秣、その他の資材などもまた愛護節用すべきである。これらもまた銃後国民の血と汗とによって成り、これを戦場に輸送するまでには幾多同僚の尊い犠牲が払われていることを銘心せねばならぬ。

一、戦傷に気を落すな

戦死戦傷は覚悟の前である。戦死傷者を見、あるいは自ら戦傷を受けて弱気を起すが如きは軍人の恥である。負傷の際はその場において速やかに自ら手当をなし、止血法を施し、直ちに戦闘を継続する気魄が必要である。他人の厄介になりまたは戦線を後退するが如きは不名誉と思わねばならぬ。一度や二度の負傷で義務を果したと思うようではいけない。七生報国の気概を要する。

もしも命令によって後退し、入院したならば一日も早く回復して再び第一線に復帰するよう心掛けねばならぬ。また所属隊長との連絡を断たぬためしばしば状況を報告するよう努めることが必要である。

なお入院に際しては携帯兵器の保管を確実にするよう注意を要する。
病気のため入院後送された場合もまた同様である。

一、死傷者を尊敬せよ

死傷者に対しては特に敬虔（けいけん）の念をもって懇（ねんご）ろにこれに接すべきである。敵軍のものと雖もこれを侮辱し虐待すべきではない。我が国古来の武士道を思い起すことを要する。

しかしながら戦闘中命令なしに戦闘を中止して負傷者を介護しまたはこれを後方に運搬するが如きことがあってはならぬ。

どこまでも戦捷第一主義に邁進すべきである。

一、戦地における敵意なき支那民衆を愛憐せよ

無辜（むこ）の民を苦しめず弱者を憐れむのは我が大和民族古来の美風である。況（いわん）や今次の聖戦は支那民衆を敵としているのではない。抗日容共の国民政府を撃滅して無辜の支那民衆を救恤（きゅうじゅつ）するのが目的である。彼等をして皇恩に浴し得るようにしてやらねばならぬ。万一にも理由なく彼等を苦しめ虐げるようなことがあってはいけない。

武器を捨てて投降した捕虜に対しても同様である。特に婦女を姦し私財を掠め、あるいは民家を謂もなしに焚くが如きことは絶対に避けねばならぬ。斯くの如き行為は野蛮民族として列強の嗤を買うばかりでなく、彼等支那民衆よりは未来永劫までも恨を受け、仮に戦闘には勝っても聖戦の目的は達し得ぬこととなる。「掠奪強姦勝手次第」などという言葉は「兵は凶器なり」と称する外国の軍はいざ知らず、神国であり神武（この上ない武徳）である皇国の軍ではあり得ぬことである。万一にも斯くの如き行為をなすものがあったならばこれは不忠の臣である、国賊として排撃せねばならぬ。ただし支那の戦場には便衣兵の活動が旺んであるから油断は禁物である。

明治天皇御製

国のためあだなす仇はくだくとも
いつくしむべき事な忘れそ

一、戦地に於ける第三国人に対しては正々堂々たるとともにその名誉財産等を尊重せよ

一視同仁（すべての人を平等に見て差別しないこと）は我が国伝統の道徳である。

弱きを虐げ強きに阿る(おもね)が如きは武士の恥である。白皙(はっせつ)（白く透明感のある肌、白皙(はくせき)は白くきめ細かい肌）人種だからといって卑屈になる必要もなければ黒色人種だからといって侮蔑する謂(いわれ)もない。一視同仁、正々堂々大国民として麗しき日本精神の真髄を示すべきである。

彼等第三国人は事変のため随分迷惑を蒙っていることであろうから彼等が対敵行為をせぬ限り同情と親切とをもってこれを遇し、作戦上妨げなき限りなるべく彼等を保護し、かつ迷惑を掛けぬよう心掛くべきである。謂もなくその生命財産を傷つけ、その権益を犯し、あるいはその国旗を侮辱するなどのことがあってはならぬ。斯くのごときは野蛮行為として皇軍の名誉を損なうのみならず、徒に国際関係を紛糾させ、国策遂行を妨害するものであって誠に不忠なるものと言わねばならぬ。

一、宣伝並びに防諜に注意せよ

近時宣伝戦が盛んであり特に敵側は中々巧妙である。我等は敵の宣伝に乗ぜられ、流言蜚語(ひご)を信じまたはこれを伝えあるいは動揺を来すようなことがあってはならぬ。あくまでも神国日本の有り難さと威大なる力とを確信し、一路皇軍の使命貫徹に邁進するは勿論、進んで日本精神を基調とする思想戦の勝利者とならねばならぬ。

また諜報機関の活動が極めて活発である。軍の機密が敵側に知れることは作戦上重大なる損失であるから、友軍の情況特に部隊号、兵力、行先、任務など敵側に漏れぬよう注意せねばならぬ。手紙の記載は勿論、平素の談話においても極めて慎重を要する。伝令勤務や通信勤務に服する者、特に地方人の多い後方に勤務する者または内地に帰還する者などにおいて然りである。

また入院中の如きは地方人に接する機会が多いからよく注意せねばならぬ。勿論功を誇るつもりではなくとも、慰問者に対し問われるがままに戦歴などを話し過ぎて、遂に軍機保護法に触れるが如き重大結果を来すこともあり、或は無意識に話したことが婦女子などの口を介して世間に針小棒大に流布せられ、防諜上のみならず軍紀風紀上にも悪影響を及ぼしたる実例があるから、深く省察(せいさつ)(反省して考える)することを要する。

この注意は凱旋兵においても同じである。

一、内地帰還に際しては言動を慎み謙譲なれ

武人一度征途に上る、素より生還を期せないのであるが、あるいは武運めでたく凱旋し、あるいは不幸にして傷痍疾病のため内地に帰還を命じられることもあるであろう。この際功を誇り、国民が歓迎し歓待するのが当然なりというような態度をしてはいけない。軍人が戦場において働くのは当然のことである。やるべきことをやったまでのことであるという考えでどこまでも謙譲の美徳を発揮し、つつましやかにすることが大切である。「実るほど頭の下る稲穂哉（かな）」である。功に驕（おご）らず奥床（おくゆか）しき者こそその人格の光輝は燦然として輝くものであり、功績を鼻にかけて自ら吹聴するような者は人から軽蔑され、嘲笑されるものである。

また帰還の途次許可のない物品などを携行して税関などで恥をさらすようなことがあってはいけない。万一そんなことがあれば折角の功績も一瞬にして台無しとなるであろう。無欲恬淡（てんたん）清貧に甘んずるは軍人の誇りであり名誉である。

結言

以上記述せる所のものは極めて平凡なことであるが、何れも御勅諭の精神を離れているものではない。いやしくも皇軍軍人である以上当然心得ているべきことであり、またやろうと思えば出来ないことは一つもないのである。これをやらねば真の皇軍軍人ということはできぬ。万一皇軍軍人中にこれらのことを無視するような不心得者があるならば、それは決してその者一人の悪事として看過する訳にはいかぬ。

皇軍全般の不名誉でもあり、皇軍の使命達成に大きな障害ともなるのであるから、各人夫々自ら戒めるべきは勿論、自分だけよければよいというような利己的な考えから蝉脱（せんだつ）（抜出て一新する）して戦友互いに戒め合い、一人の不心得者も出さず、全員が皇軍軍人として相応（ふさわ）しい者であるよう心掛けねばならぬ。

【参考資料二】

第一章　南方作戦上奏案

上奏案　南方作戦全般に関する件　昭和十六年九月八日　大本営陸軍部　軍事機密

謹んで陸軍作戦の見地にもとづき対南方作戦に関する事項について申し上げます。

帝国は自存自衛のため過日の御前会議の御決定にもとづき万全の外交手段を尽くして帝国の要求貫徹に努力すべきは勿論でございますが、もしその目的を達成し得ざる最悪の場合におきましては帝国の国是遂行のため南方に対し武力を発動せらるべき場合を顧慮いたしまして従来海軍と協同してしばしば合同研究を重ね準備を進めて参りました次第でございます。

ただいまよりその概要について申し上げます。なお南方作戦につきましては先に御允裁（聴きとどけること）を得ましたる年度作戦計画において計画せられている所でございまして、以下申し上げます所は年度計画を基礎とし、これを現況に即する如く修正したるものでございます。

一、対南方作戦の構想につきまして

本件につきましては軍令部と密接に連繫いたし現に研究中でございまするが只今までに概ね意見の一致を見ましたる構想について申し上げます。

作戦の目的は「東亜における英国および米国の主要なる根拠を覆滅して所要の領域を占領するとともに、蘭領印度を攻略し、爾後右領域を確保し、もって自存自衛の態勢を確立し、併せてこれら作戦の成果を利用し、支那の屈服を図る」に置くを至当と存じます。

陸軍の使用兵力は約十師団、二飛行集団（飛行機約六百機でございまして海軍機を合せ約千百機となる予定）でございまして、開戦前印度支那、南支那、台湾、南方諸島および内地に展開いたし、概ね五箇月の間に主要なる作戦行動を完了いたします。

以上のため陸軍所要船舶は努めて官民需を圧迫せぬように種々研究いたしましたる結

果約二百十万瓩でございます。

攻略の地域および順序といたしましては先ず香港、英領マレー、英領ボルネオおよびフィリピン、ガム（グァム）などに対し概ね同時に攻撃を開始いたしまして、速やかにこれの攻略を図り、次いで蘭領印度を占領いたします。

右の中香港（攻略約二、三〇日）に対しましては支那派遣軍隷下の第二十三軍司令官をして約一師団基幹の兵力をもってこれを攻略せしめ、比島攻略（攻略約四十五日）のためには約二師団、一飛行集団を基幹とする一軍をしてこれに当らしめ、英領マレー（攻略約百日）に対しましては約五師団、二飛行集団（その内一飛行集団は比島方面の航空作戦一段落後、該方面に使用いたしました飛行集団をこの方面に転用いたします）を基幹とする一軍をもってこれに充て、兼ねて同軍の一部をもってタイ国の静謐を保持せしめたく存じます。また蘭領印度に対しましては約三師団（内二師団は香港および比島の攻略に任じました各一師団を重複転用いたします）、一飛行団を基幹とする一軍をもってこれの攻略に任ぜしめます。以上の間印度支那に対しては約一師団余の兵力をもって印度支那軍と協同して支那軍に対し同地方を確保いたします。

以上香港攻略以外の三個の作戦軍および在仏印兵団は一方面軍司令官をして統率せしめます。またビルマに対しましては以上の作戦間わがマレー作戦に対する妨害を排除するを限度として航空攻撃を行い、またビルマ南部の飛行基地の獲得に努めます。なお南方における大局の作戦一段落後当時の情勢によりましては要すれば本格的にビルマを攻略致すこととなるかと存じます。

以上の作戦のため使用兵力は長期戦を顧慮致しまして帝国人員数の弾撥性を保持致しますとともに、生産拡充をなるべく圧迫致しませぬため満州および支那方面における作戦、防衛に支障なき限り該方面より抽出転用致し、その他のものは内地において編成致すこととなります。右編成兵力および転用兵力につきましては別に上奏御裁可を仰ぎ度と存じます。

二、攻略地域における敵の兵力などにつきまして本表は本年八月上旬におきまする南方の兵力でございましてマレー、香港、ビルマ、比島、蘭印を含みまして陸軍兵力約三十六万、空軍兵力約七百機でございます。これら地域に対しましては今なお連続的にその兵力増加せられ防御工事は増強せられつつありまして本年末頃におきましてはマレー、ビルマ、蘭領印度方面に対しまして濠州、新西蘭方面より約五・六万、印度より約十万、支那より一、二万の地上兵力増加の可能性はございまするし、比島におきましては土人軍の基幹兵力として約二、三千人の米国将兵の増加を予想せられますする外、米国よりの軍需品輸送により土人軍の編成装備は逐次改善せらるることと存じます。また航空におきましてはマレー方面へは英国航空兵力約百機、蘭領印度、比島方面へは米国航空兵力少なくも百機は本年末より来春にかけて増加せらるるものと予期致します。しかるところ南方作戦の攻略地域は英米蘭三国の植民地の集団でございまする関係上、敵性兵力の整然と統一されたる協同戦力発揮は困難でございまする上に白人と土人との間に精神的団結は不可能の状態にございまするし、殊に土人は多年白人より圧迫搾取せられました不平不満と同色人種たる帝国臣民に対する親愛の情を持っておりますから我が作戦軍に対しまする敵の戦力発揮は相当の困難を伴うことと存じます。

航空機、潜水艦の発達しましたる今日上陸作戦は決して容易ではございません。相当な損害を覚悟しておりまするが、本年春の演習に鑑みまして海軍と協同して護衛の方法についても研究を進めておりまするし、また特に陸軍におきまして防空基幹船（一船に六門の高射砲を装備し、専ら船団の防空に任ず）八隻を作戦開始までに完成致す如く工事を進捗せしめております。また作戦軍主力の上陸前における航空作戦につきましては比島に対しましては敵の約三倍の航空兵力をもって、マレーに対しましては敵の約二倍の航空兵力をもって数日ないし十日間航空攻撃を加えまして、その成果を見まして主力の上陸を実行致すこととなります。わが攻撃兵力につきましては既に申し上げましたが兵員数に致しますれば概ね本表の如くでございまして必勝の確信を持っております。また作戦地方の地形風土は内地、満州、支那に於きまするものと甚だしく趣を異に致しまするので、昨年来関係幕僚を現地に派遣して調査せしめまして従来の研究を拡充致し、軍の編成装備並びにこれに応じる戦法につきましても出来得る限りの準備を致しております。

三、作戦上の見地より南方作戦実行の時機につきまして

作戦実行の時機はもとより今後の外交交渉の如何によるものと存じまするが万一帝国の主張を容るる所とならず開戦の已む無き事態に相成りまする場合、開戦時期はなるべく速やかなるを要する点につき申し上げます。

第一は北方との関係でございます。ソ連邦において観察いたしまするに独ソ戦争の関係もあり帝国が不敗の態勢を確立してあります限り彼が積極的に帝国に対し攻勢を採ることは先ずなかるべしとは一応考えられまするが、帝国が南方作戦を開始致しまする場合の米英ソの接近は益々濃化し、あるいは極東ソ軍が進んで帝国に対して攻撃的態度に出て、あるいは米国がその軍隊特に航空兵力をも極東ソ領に進出せしめて帝

国軍並びに帝国本土に攻撃を執る虞決して少なくはございません。この際なし得る限り南北二正面同時作戦を回避することは甚だ切要でありまして、これを実現するため外交の施策に俟つべきもの大なりとは考えまするが、他方北方に於きまする大規模の作戦行動を不可能ならしむる冬の期間において神速に南方を片付けますると同時に、目下執りつつある対北方警戒の措置を基礎と致しまして作戦準備を進め、来春以降北方に於きまする事態の急変にあたりましては機を失せず作戦を遂行し得る如く、有利なる態勢を整えてあることが必要であると信じます。

この見地に於きましては南方に武力使用の已む無き情勢に於いては最も速やかにこれを発動し、その経過を神速ならしむるの要を痛感致すのでございます。

また先に申し上げました南方敵性地域に於きまする兵力防備の強化は日を追うてその度を増しております。特に南方に航空機なかんずく高性能機の増加致しますることは決して無関心たるを得ない所でございまして、時日の経過とともに或いは作戦の遂行に測り知れぬ困難を伴うに至るなきやを憂うる次第でございます。

陸海軍所要船舶につきましては官民需の関係をも考え極力節約する如く研究致しましたが、如何に致しましても官民需に相当大なる影響を与えますることは明らかでございます。これを解決致しまするの方策は一般輸送の比較的閑散なる秋、冬の期間に於きまして短切なる作戦を指導致すより他に無きものと考えます。

また北部南シナ海方面以北に発生致しまする季節風は十二月、一月に於きまして最も甚だしく船団の航行、集合等の見地より至大の障害を呈します。この見地に於きましても風速小なる十月の間になるべく部隊の移動等を終了致し、かつなし得る限り十一月に作戦を開始致します必要を痛感致す次第でございます。

四、南方作戦の終末につきまして

既に申し上げましたるとおり概ね五箇月をもって比島、マレー、蘭印、英領ボルネオ、ガム、香港等極東に於きまする英米の根拠を覆滅致し、要すれば次いでビルマを占領し、所要の兵力なかんずく航空兵力を北方に転用致しまして、ここに対南方主要作戦行動の一段落を画し度と存じます。もし万一作戦経過予期の如くならずして蘭印攻略の時機が遅れるようなことがございましても、比島およびシンガポールの二大軍事拠点を各々四、五十日および百日余りで占拠致し、その石油資源地域たるボルネオの要点を奪取致しますることにより、大局に於きまして決して心配の要はなきものと考えます。濠州に対しましては連続的に作戦地域を拡大致すことを避ける如く指導致すべきものと存じます。

南方諸地域攻略後の統治につきましてはこれまた鋭意研究準備を進めておりまするが、支那の占領地処理に比し南方民族の特性上占領地統治は比較的容易なるものと信じております。作戦一段落とともに帝国喫緊の国防資源でございまするところの石油資源などの開発、運輸などにつきましても海軍と協同して準備を進めております。

攻略後の守備につきましては概ね五、六師団の兵力をもって占領地域を確保致す計画を進めている次第でございます。

作戦は一段落つきましても爾後帝国は南域を含む長期戦に入ることを覚悟致さねばなりませんが、我が国力上長期戦の見通しにつきましては一昨日企画院総裁より申し上げましたとおり一時的には各種資源に亘り相当困難な状態に立ち至りまするが、南方の主要なる軍事根拠を占拠し、かつ重要資源地域を獲得し、もって不敗の態勢を確立致すとともにこの間軍官民一致して努力精進致しますれば長期戦の困難を克服できるものと存じます。

以上南方に対する用兵に関係致しまする件につき申し上げましたが、本作戦計画につきましては後日上奏裁可を仰ぎ度存じます。

五、作戦準備につきまして

作戦発起のため作戦準備としての実施致すべき事項極めて広汎多岐に亘っておりまして、その主要なるものを申し上げますれば作戦兵力の整備、右兵力の推進、航空海運などの施設実施および軍需品の前送集積、船舶の徴傭艤装、防衛関係の措置などでございます。

而してこれら中央部としての作戦準備に併行致しまして戦闘序列により編成せられまする作戦軍は各々自体の具体的作戦準備を実施する必要がございます。

以下これらの内容につき申上げますれば、

1、作戦兵力の整備および推進につきましては、

満州、朝鮮および支那より別表の如く所要の兵力を抽出致します。然るところ支那よりの抽出兵力中には現に作戦中のもの、あるいは警備任務遂行中のものもございまして、これらは他方面よりの転用兵力または新たに内地で編成致しました兵力の到着を待って抽出することとなります。（別表なし）

本作戦のため以上の転用兵力にて不足致しまする兵力は作戦軍司令部以下別表のとおりでございますので、これを内地において編成致さねばなりません。また作戦地域が帝国領土と甚だ遠隔せる炎熱地でございますので、船舶運用の見地より致しましても、輸送間に於きまする人馬の戦力減退防止の見地から致しましても外交政略上の施

策を妨げませぬ限度に於きましてなるべく南方に推進致すを必要と存じます。（別表なし）

2、航空海運諸施設の実施並びに軍需品の集積につきまして

台湾、海南島、パラオ方面に於きまするこれら諸施設は海軍と協同して只今までに相当の進捗を見ましたが、以上各地に於きまする船舶給水の施設はさらに増強の要を認めまするし、また印度支那に於きまする航空海運施設はともにこれを実施致さねばなりませぬ。

また作戦軍の補給に必要なる軍需品は南支那、台湾、印度支那などに集積致す要を認めます。

3、以上の外作戦準備および作戦実行のために必要なる船舶の徴傭、艤装、兵装並びに関係要塞の整備、国土防空の強化などを必要と致します。

これらの作戦準備実施のためには種々研究を重ねましたるところ、最小限約二箇月を要する状態でございまして、十月末までに概ね準備を完整致しまするためには速やかに着手するを必要と存じます。もとより以上の作戦準備を実施致しまするにあたりましては特に周到なる考慮を払い、外交交渉に支障を及さざる如く努めます。

このため内外地に於きまする作戦兵力の整備にあたり努めて我が企図を秘匿致し、

また開戦決意の御聖断を拝する以前におきましては南部印度支那方面に対する刺戟を努めて少なく致しまするとともに、北部印度支那および南支那方面に推進致しまする兵力は昆明作戦の準備を粧わしむるなど宣伝その他百般の方法を用いまして企図を秘匿致したいと存じます。

最近支那側に於きましては帝国軍の昆明進攻に対し著しく関心を持って居りまする時期にありますから支那側は申すまでもなくその他に対しましても有利に宣伝の効果を挙げ得るものと存じます。

以上の如く作戦準備を実施致しまするが、「帝国々策遂行要領」に示されますとおり帝国の要求はなし得る限り外交により目的を達成せらるべきと存ずるのでございまして、したがって作戦発起は作戦準備とは全然別箇のものと考えております。もし戦わずして帝国の主張を貫徹致しますれば帝国のためこの上なきことと存ずるのでございます。

ただ先程来縷々申上げましたとおり外交施策遂に功を奏しませぬ場合に思いを致しますと、その際の作戦開始は諸般の関係上最も速やかなる時期なるを要しますことと、この作戦準備に要しまする時日に鑑みますれば只今より作戦準備に着手するの必要を痛感致しますのでございまして、切に聖慮を煩わし度存じます。

右謹んで上奏いたします。

昭和十六年九月八日

参謀総長　杉山　元

奉答資料　対米英蘭における作戦的見通し

一、作戦初期の見通しについて

英米などの極東に於きまする主要軍事根拠に対しましては逐次これを攻略し、概ね百日余をもちましてこれを覆滅することができます。また概ね五箇月をもちまして所期する南方要域大部の占拠が可能であると判断致します。ただしこのためには開戦の時期はなるべく速やかなるを要します。

二、数年に亘る作戦的見通し

戦争第二年頃に於きましては物的戦力につきまして相当の困難を伴いまするが軍民一致の努力によりまして逐次持久戦態勢を確立し、戦争的にも作戦的にも不敗の態勢を確立することができるものと信じます。

次に対米英蘭戦争に於きまする初期および数年にわたる作戦的見通しにつきまして申上げます。

第一、初期における作戦的見通しに関する資料

一、作戦目的並びに作戦構想の概要について

対米英蘭作戦の目的は東亜における米国、英国および蘭国の主要なる根拠を覆滅致しまして、南方の要域を占領確保するにあります。

右作戦に使用致しまする陸軍兵力は約十一師団、二飛行集団を基幹とするものでございます。

攻略の範囲並びに順序は先ず陸海軍緊密なる協同の下にフィリピンおよびマレーに対する先制急襲をもって同時に作戦を開始致しまして、作戦初頭ガム島、香港および英領ボルネオの要地を占領するとともに、タイ国および印度支那を安定確保し、次いでなるべく速やかに蘭領ボルネオ、セレベスの要地を占領し、さらに進んでジ

ャワ、スマトラなどの要地を攻略し、この間機を見てビスマルク諸島、モルッカ群島、チモールなどの要地を占領致します。

二、作戦経過の見通しについて

陸軍作戦の見地から見まして本作戦の第一の眼目は米英の軍事根拠でありまするシンガポール、マニラの神速かつ急襲的攻略にありまして、これに次いで蘭印の要域特にジャワの奪取にあるものと存じます。

本件に関しましては海軍と協力して数回に亘り検討を重ねましたる結果、輸送間もしくは上陸時などにおきましては某程度の犠牲を覚悟せねばなりませぬが、作戦的には成功を確信するに至りましたのでございます。

即ち極東に於きまする英米などの軍事根拠でありまする香港、シンガポール、マニラなどの攻略でございまするが、香港に対しては概ね一箇月、マニラに対しては概ね四、五十日余、シンガポールに対しては概ね百日余りの日数をもちましてそれぞれ攻略占拠することが可能であると存じます。

而して右軍事根拠地の覆滅によりまして英米に対しまして各本国との依存関係を益々困難ならしめ得まするとともに、爾後帝国陸海軍の作戦行動は容易かつ自由となるのでありまして、続いて行われます蘭印などに対する作戦にあたりましては我が方は敵側に比べ遥かに便なる地域において戦力を発揚することができます。斯くの如くいたしまして南方作戦は概ね五箇月をもちまして所期する要域大部の占拠ができるものと存ぜられます。

なお右要地攻略期間内に米国主力艦隊が出撃し、これに対し我が陸海軍主力をもって対応致しますときは前記作戦の期間は若干延引することありと考えられます。

三、作戦的見地にもとづく対米英蘭作戦確算の基礎について

作戦成功の見通しについて判断致しまするに、作戦の勝味（勝てそうな形勢）は主として次の諸点に求めることができると信じております。

第一は米英蘭蘇などの実質的提携に先立ちまして米英に対し同時各個に急襲撃破し得ますることでございます。

これらの諸国の極東に於きまする現勢力は大したものではありませぬ。しかも地域的に広範囲に分散しておりまして国際情勢の変転と相俟って右諸国の極東勢力を相互の完全なる提携合一に先立ちまして同時各個に急襲撃破することは困難ではございませぬ。したがって如何にして同時各個撃破の機会を求むべきかは重大なる問

題でありまして、なし得る限り早期に於いて開戦時期を選定すること、戦争企図の秘匿並びに欺騙すること、巧妙適切なる外交工作を行うことなどはこの奏功の重要なる要素であると存じます。

第二は英米本国よりの増援に先立ち各個に撃破し得ることでございます。英米ともその本国よりの距離は長遠でございましてしかも現在欧州方面の情勢上英米が急速に全神経を極東に集注し、あるいは大兵団をこの方面に転用することに大なる困難があるのでございます。

したがって国軍は敵の極東勢力をその本国と分断して、敵の増援に先立ち各個に撃破し得る公算大なりと判断致します。作戦初期敵の集め得まする極東勢力に対しましては我が陸海軍の合一戦力を以ってしては十分なる確算（確実な根拠に基づいて結果を予測すること）を有しておりまして、しかも我が積極的施策により敵の増援を遮断致す所存でございます。

第三は先制急襲の徹底についてでございます。

先制急襲は南方作戦計画を貫く構想の根本でございまして、この適切なる運用によって敵の意表に出て敵を各個に撃破し、延いては作戦を短切（短時間で集中的な）かつ決定的に指導し得るのでございます。

このためには作戦開始の迅速かつ奇襲的なることと作戦経過の神速かつ急襲的なるを要するのでございまして、各方面に対する陸海空の協同、作戦の要領、作戦兵団の編成装備などをこれに即応せしめてございます。

第四は海軍並びに航空作戦の確算について申し上げます。

南方作戦は海軍並びに航空部隊の活躍に期待するところ大でありまして、彼我の海軍並びに航空部隊の関係につきまして帝国に確算があります。しかしながら開戦期日の遷延に伴いまして米国航空勢力は飛躍的に増勢すべく、彼我の地位は逐次逆転し終には戦勝の目途を失うに至るにあらずやと思惟せられます。

第五は輸送並びに上陸作戦についてでございます。

上陸地点は敵航空勢力の十分に活動し得る圏内にありますので、輸送間においても上陸時においてもある程度の損害を予期せねばならぬと思いますが、我が海軍の護衛と航空作戦部隊の適切なる協力並びに上陸兵団の先制奇襲とによりまして、その成功につきましては何等不安を抱く必要はないと存じます。

第六は陸上作戦について申上げます。

上陸後における陸上作戦については彼我の編成、装備、素質、兵力などより考察致しまして国軍に絶対的確算があるのでございます。

これを要しまするに速やかに決意し、断乎として決行するに於きましては対米英蘭作戦は作戦的には十分なる確信を有するのでございます。

四、作戦的見地にもとづく開戦時期の決定について

開戦時期は明春までに南方要域の攻略作戦を終了することを目途として、なるべく速やかに開始することが必要でございまして、遅くとも十二月初頭に開戦することが必要であると信じます。前項で申上げましたる戦勝の確算もこの基礎の上に立っているのでございます。以下その理由について簡単に申し上げます

1、英米側の戦備の増強につきまして

先に申し上げましたる如く本作戦の主要なる勝味は敵の準備が未だ整わざるに先立ち、各個にこれを撃破し得る点に存するのでございます。

然るに最近の情報によりまするに敵は着々作戦準備を整えておりまして、米本国における軍備の拡張、南方諸島に於きまする英米根拠地の軍事的増強など何れも日を逐うて顕著なるものがあり、時日の経過とともにわが勝利の確算は急速に低下するものと判断せらるるのでございます。

2、対蘇関係を顧慮し冬期間に南方作戦の大部を終結するを要することにつきまして米蘇提携による米およびソ国空軍の極東蘇領方面よりする帝国本土に対する脅威は最も考慮を要する点でございまして、欧蘇方面の戦況如何に拘らずこの種企図に対する対策は講じ置く必要ありと信ずるのでございます。
米、蘇間の提携未だ十分ならざる目下の時期に於きまして速やかに対南方開戦の時期を決定し、米蘇間の空路鎖されかつ北方に於きまする大規模なる空地の作戦困難でありまする冬季の間に南方処理の大部を終了致しまするることは帝国本土の防衛上の見地から致しましても、また南北二正面同時作戦を回避するためにも極めて必要であると信ずる次第でございます。

3、物的戦力なかんずく液体燃料逓減す

英米独などよりする資源輸入の目途ほとんど絶えましたる現況に於きましては、各種物的戦力をほとんど自給自足によらなければならぬ状況にありまして、なかんずく液体燃料の将来につきましては極めて憂慮すべき状態にあるものと判断せらるるのでございます。

貯蔵油も逐日減少する一方でございまして只今でありますれば概ね希望の如く作戦する能力を有しているのでございますが、時日を経過するにともない貯蔵油量も逓減し、遂には作戦遂行の能力をも失うものと思わねばならぬのでございます。速やかに南方に進発し各種資源なかんずく石油資源の要域を制しますることは今日この複雑なる外交情勢に対処致しまする最善の方策であると確信致すのでございます。

なお開戦時期の決定にあたりましては航空作戦と上陸作戦に重大なる影響を与えまする所の月齢および季節風の関係を考えねばなりません。この見地より致しまして月齢および季節風を考慮いたしまするに十二月上旬における武力発動を喫緊とするのでありまして、この時期を逸しますれば遂に一箇月ないし二、三箇月の遷延を余儀なくせらるるの虞が大であります。

第二、数年に亘る作戦的見通しについて

対米英蘭作戦の一段落後におきましては引続き米英蘭に対する持久戦を予期しなければならぬのでございます。なおこの間支那に対しましては事変処理の完遂を期するとともに、蘇国に対しましては状況により所要の兵力を行使して北方の不安を除去することあるを予期しなければならぬのでございます。

以下作戦的見通し上主要なる事項につき申し上げます。

一、物的戦力の見通し

帝国の所期する満州、支那並びに南方資源地域を確保しましたる以上軍官民一致協力して各種資源の開発運用に全幅の努力を捧げることによって自給自足は可能の状態となり、ここに経済的不敗の態勢を構成することを得るのでございます。また東亜におきまするあらゆる軍事根拠を占拠することによりまして英米本土と濠州その他の極東方面並びに印度洋、西南太平洋方面の航行連絡を遮断し、敵の実勢力を漸減せしむることを得まして帝国は戦略的にも不敗の態勢を確立することが可能であり、ここに大持久戦遂行に対する基礎態形は概ね整ったものと観察し得るのでございます。

この間米英などの企図しまする通商破壊戦、航空戦などに対しましては当初は物的に相当の困難性を伴うことを覚悟せねばならぬのでございますが、逐次この事態を回復いたしまして終局におきましては不安なく戦いつつ自己の力を培養することも可能であると信じます。これに反し資源上特に錫、ゴム、タングステンなどにつきましては米英両国に与える打撃は甚大なるものがあり、資源上より観ましたる彼我の比較におきましても大持久戦の遂行は成算ありと確信する次第でございます。

南方作戦遂行のため並びに引続き北方作戦生起したる両場合につきましては南方作戦開始時期にして宜しきを得ますれば後に申し上げますようにこの対処に遺憾なきを期し得るのでございまして、このための極めて重要要素であります主要資材につき以下観察いたします。

この内容は軍政当局とも協議いたし既に陸軍大臣より上奏申し上げましたものでございますが、重ねて上聞に達する次第でございます。

イ、飛行機

飛行機の現在保有量は本年八月実用機約四千四百機でございまして、時局に鑑みその整備能力の増加には特に意を用い、その整備可能数量は実用機本年度約三千五百機、昭和十七年度約五千五百機、昭和十八年度約七千機と予定いたしております。

右によりまして南方攻勢に引続き北方攻勢を行います場合、予想する消耗に対し補給に支障なきのみならず、各年度の保有量は逐次増加いたします。

参考「対米英蘭戦争における初期および数年にわたる作戦的見通し」(抜粋)

十六年度　整備三四〇〇、消費八九〇、残額五〇一〇

十七年度　整備四〇〇〇、消費一八七〇、残額五六九〇

十八年度　整備四五〇〇、消費一二四〇、残額六九五〇

註　現在(十六年八月一日)保有量四四〇〇

ロ、戦車

戦車の現在保有量は本年八月概ね一千八百輛でございまして、整備可能数量は本年度約一千二百輛、昭和十七年度一千五百輛、昭和十八年度約一千八百輛と予定いたしております。

右により南方攻勢に引続く北方攻勢の補給に支障ございませぬのみならず、各年度の保有量は逐次増加いたします。

参考「対米英蘭戦争における初期および数年にわたる作戦的見通し」(抜粋)

十六年度　整備一二〇〇、消費三九〇、残額二六一〇

十七年度　整備一五〇〇、消費一一七〇、残額二九四〇

十八年度　整備一八〇〇、消費七〇〇、残額四〇四〇

註　現在（十六年八月一日）保有量一八〇〇

八、地上弾薬

地上弾薬の現在保有量は本年八月約九十師団会戦分（師団が数日間本格的な戦闘を行うために必要な弾薬の量）でございまして、時局に鑑み整備能力の増加に意を用い整備可能数量を本年度約四十三師団会戦分、昭和十七年度約五十師団会戦分、昭和十八年度約五十師団会戦分と予定いたしております。

南方攻勢に引続く北方攻勢にあたりまして弾薬の消費量は状況により著しく差異あるものと考えておりますが、一応予想いたします消耗に対し補給に支障ございませぬのみならず、最も減少を予想せられます昭和十七年度末におきましても、その保有量は現在の八十パーセント程度でございまして、如何なる情勢変化にも対応し得るものと考えております。

参考「対米英蘭戦争における初期および数年にわたる作戦的見通し」（抜粋）

十六年度　整備四三、消費二四、残額一〇九

十七年度　整備三〇、消費六七、残額七二

十八年度　整備四〇、消費三三、残額七九

註　現在（十六年八月一日）保有量九〇師団会戦分

二、爆弾

爆弾は現在保有量は本年八月におきまして七十飛行団月分（飛行団が一箇月間本格的な戦闘を行うために必要な爆弾の量）でございまして、これも整備能力の向上には特に意を用いその整備可能数量は本年度二十二飛行団月分、昭和十七年度八十飛行団月分、昭和十八年度八十飛行団月分と予定いたしております。

右によりまして南方攻勢に引続く北方攻勢の補給に支障ございませぬのみならず、最も困難を予想せられます昭和十七年度末におきましてもその保有量は現状の五十パーセント程度でございます。

参考「対米英蘭戦争における初期および数年にわたる作戦的見通し」（抜粋）

十六年度　整備一八、消費二五、残額六三

十七年度　整備三〇、消費四九、残額四四

十八年度　整備三〇、消費一三、残額六一

註　現在（十六年八月一日）保有量七〇飛行団月分

ホ、液体燃料

（1）航空揮発油

航空揮発油の軍の現在保有量は本年八月におきまして約五十万竏（キロリットル）でございまして南方攻勢の補給に支障なく、南方攻勢に引続き北方攻勢を行う場合昭和十七年度下半期におきまして予想する消耗に対し十パーセント、同十八年度におきましては三十パーセントの不足を生じますが、南方占領地における新たなる取得を予想いたしますれば十九年度に入り逐次好転いたします。

参考「対米英蘭戦争における初期および数年にわたる作戦的見通し」（抜粋）

その一　南方攻勢を行う場合

判決　南方攻勢に支障なし

軍保有量（十六年八月一日）四十八万八千竏

十六年度　作戦に伴う消費見込み　十六万九千竏

空爆その他の損耗　四万竏

残額　二十七万九千竏

十七年度　作戦に伴う消費見込み　二十二万五千竏

供給量見込　三万竏（蘭印一万竏）

残額　八万四千竏

十八年度　作戦に伴う消費見込み　二十万四千竏

供給量見込　十四万屯（蘭印七万二千屯）
十九年度　作戦に伴う消費見込み　二十万四千屯
残額　二万屯
供給量見込　二十三万屯（十五万二千屯）
残額　四万六千屯

その二　南方攻勢直後北方攻勢を行う場合
判決　十七年度上半期中に作戦を完了し得ばこの実現には支障なく、引続き十七年度下半期は予想する消耗に対し十パーセント、同十八年度には三十パーセントの不足を生じるも十九年度に入り逐次好転す。
軍保有量（十七年五月一日）二十五万屯
十七年度　作戦に伴う消費見込み　上半期十七万四千屯
下半期九万屯
空爆その他の損耗　六万屯
供給見込量　三万屯
残額　一万六千屯（不足十パーセント）
十八年度　作戦に伴う消費見込み　十九万四千屯

供給見込量　十四万竏
残額　不足三十パーセント
十九年度　作戦に伴う消費見込み　上半期十九万二千竏
供給見込量　二十三万竏
残額　四万五千竏

（2）自動車揮発油
自動車用揮発油の軍の現在保有量は約四十万竏でございまして南方攻勢に支障なく、南方攻勢に引続き北方攻勢を行う場合は昭和十七年度下半期におきまして予想する消耗に対し五十パーセント程度の不足を生じますが、新たなる取得を予測いたしますれば十八年度に入り逐次好転いたします。
参考「対米英蘭戦争における初期および数年にわたる作戦的見通し」（抜粋）
その一　南方攻勢を行う場合
判決　南方作戦に支障なし
軍保有量（十六年八月一日）四十万竏
十六年度　作戦に伴う消費見込み　十八万五千竏
空爆その他の損耗　二万三千竏

供給見込量　十万三千竏
残額　二十九万五千竏

十七年度　作戦に伴う消費見込み　二十一万七千竏
空爆その他の損耗　一万三千竏
供給量見込　二万竏
残額　六万五千竏

十八年度　作戦に伴う消費見込み　十八万竏
供給量見込　二十万竏
残額　八万五千竏

十九年度　作戦に伴う消費見込み　十八万竏
供給量見込　四十万竏
残額　三十万五千竏

その二　南方攻勢直後北方攻勢を行う場合

判決　十七年度上半期中に作戦を完了し得ばその実施には支障なく、引続き十七年度下半期は予想する消耗に対し五十パーセントの不足を生じるが、十八年度に至り逐次好転す。

へ、船腹

南方作戦間軍の使用により総動員物資の輸送は相当圧迫を受け、米鉄鋼生産原料などの輸送においてすら約八十パーセント程度に圧縮するのやむを得ぬ状況でございまして、重要物資の生産、生活必需品の供給などに及ぼします影響は少なからぬものと予想せられますが、作戦期間の延長いたしませぬ限り軍需の生産および国民生活最低限の維持は概ね可能と存じます。

参考「対米英蘭戦争における初期および数年にわたる作戦的見通し」（抜粋）

判決

物資輸送量は十五年度に比し、

米および鉄鋼生産原料　十六年度後半期　八十パーセント
　　　　　　　　　　　爾後　百パーセント

石炭、肥料、大豆、鉱石類　十六年度後半期　七十五パーセント
　　　　　　　　　　　爾後　八十パーセント

その他の物資　十六年度後半期　二十五パーセント
　　　　　　　爾後　三十一パーセント

ただし十六年度後半期においては鉄鉱石の貯鉱（鉄鉱石を保管しておくこと）を

使用することとして船腹二百万トンと同一効果を挙げるようにするものとする。

右の如く重要物資の生産と生活必需品の供給などに及ぼす影響は少なからざるも、作戦期間が延長せざる限り軍需生産および国民生活最低限の維持は概ね可能なるべし。

南方攻勢に引続き北方攻勢を行う場合において発動後半年間は月平均船腹約二十万トンないし三十万トンさらに逼迫する。

二、南方持久作戦の見通し

英米側は残存する極東の領域を確保し、併せて帝国の海上交通を脅威するため航空機、艦船などをもちまして交通破壊戦を企図するものと判断せられます。

しかしながら既に南方における主要なる軍事根拠地を制扼(せいやく)いたしましたる帝国は戦略的に不敗の態勢を占めたものというべきでございまして、引続き敵本国との交通を積極的に遮断するなどの帝国の処置と相俟ちまして戦勢は我に有利であることは疑いを容れぬものと確信いたします。

三、南方作戦間支那および北方に対する対策並びにその見通しについて

南方作戦遂行間支那に対しましては概ね現在の作戦を継続して蒋政権の屈服を期

します。即ち支那方面より一部の兵力を南方に転用いたしましても支那においては一部の戦面（戦闘地域）を縮小するほか概ね現在の戦面を確保して蒋政権に対する圧迫を継続することを得ますのみならず、対米英決意とともに支那に対する第三国租界（某国が他の国から借りた治外法権の居留地）の接収、緬甸（ビルマ）補給路の遮断を行いまして支那を完全に英米と遮断して却って対支圧迫を強化することも不可能ではないと信じます。

　また蘇国に対しましては益々警戒を厳にするとともに一方対南方作戦間は努めて日蘇衝突の発生を防止する方針を堅持して各般の措置を講ずべきは勿論でございまして、独蘇戦況の推移によりましては蘇国より進んで帝国に対し挑戦し来る公算も減少するものと判断せられます。また万一米蘇提携して我に対する場合を考慮しましても季節の関係上来春以降となるべく南方使用兵団並びに在支部隊の転用、新編あるいは未動員部隊の使用などによりまして北方処理は不可能ではないと判断いたしております。

　これを要しまするに南方戦争発足の場合昭和十七、十八年頃におきましては作戦的にも物質的にも相当の困難を伴うものと予測せねばなりませぬが、施策の適切と官民の決意とによりまして爾後逐次戦力の増強培養を期し得、また支那に対しましては支那事変処理を完遂し、北方に対しては米蘇に対して国防の安全を期し、情勢有利なる場合において独国と提携し蘇国を崩壊せしめ得るの機会も絶無ではないと信じます。

第三、極東蘇軍の現況について

欧蘇方面の戦況の逼迫に伴いまして極東蘇軍の兵力も逐次欧本国方面に転用せられたものの如くでございまして、兵力も減退いたしておりまするし装備特に素質も相当に低下しているものと判断せられます。即ち最近の情報によりまするに極東にある蘇軍師団は約九箇を欧蘇方面に転用せられ、現在残存しておりまするものは約二十箇師団と判断せられます。また戦車は約千三百輌を転用せられ残存しておりまするもの千二百ないし千四百輌と存じます。飛行機は九月末までに転用せられましたるもの少なくも千三百機、九月末現在数は陸海軍を合し約千五百機と判断いたされます。

第四、タイに対する処置について

タイに対してはその独立国としての体面を保持せしめ特に平和的かつ好意的に帝国の企図に策応せしむる如く考えておるのでございますが、最近におきまするタイ国の態度並びにタイ国に対する英国側の策動などにより判断いたしまするに、目下の状況におきましては何等タイに無関係にマレー方面の作戦計画を樹立することは不可能の実情にあります。即ちマレー方面の上陸は南部タイに上陸することが先決でありまして、このためにはタイ国の態度如何が影響するところ甚大であり、彼を敵側に廻さぬことと最も迅速短切に我が方の意志に従わしむることが必要でございます。而して目下の情勢より判断いたしまするにタイに対しましては今直ちに外交々渉により南方作戦遂行のための要求を提示することは徒にタイを刺激いたしますのみならず我が企図が英米側に直ちに暴露する恐れがありますので、当分の間これを避け開戦直前帝国の実力を背景として強硬に要求し、要すれば武力を併用して一挙に解決を期するを最も得策と考える次第でございます。

英国側が我に先立ちタイ国内に進駐しました場合に応じる対策は別箇に考慮する必要ありと存じます。

上奏　対英米蘭戦争に伴う帝国軍作戦計画の概要

謹んで南方作戦およびこれに伴う作戦計画の概要について申し上げます。

第一、南方作戦について

南方作戦の構想につきましては陸海軍協同してしばしば合同研究を重ねまして不日（すぐに）その作戦計画の御允裁を仰ぎたく存じまするが、ここにその概要について申し上げます。

一、作戦目的について

南方作戦の目的は東亜における米国、英国および蘭国の主要なる根拠を覆滅し、南方要域を占領確保するにあるのでございます。

本作戦によりまして占領を企図しまする範囲はフィリピン、ガム島、香港、英領マレー、ビルマ、ジャワ、スマトラ、ボルネオ、セレベス、ビスマルク諸島、チモール島などでございます。

二、作戦方針について

本作戦の方針は陸海軍緊密なる協同の下にフィリピンおよび英領マレーに対する先制急襲をもって同時に作戦を開始し、勉めて短期間に作戦目的を完遂するにあります。

右方針にもとづく作戦指導要領は左の如くでございます。

1、マレーに対する先遣兵団の急襲上陸とフィリピンに対する先制空襲とをもって作戦を開始いたしまして、続いて航空作戦の成果を利用し主力を先ずフィリピンに、次いでマレーに上陸せしめ速やかにフィリピンおよびマレーを攻略いたします。別に作戦初期ガム島、香港および英領ボルネオの要地を占領し、またタイ国および印度支那の安定を確保いたします。

以上の間なるべく速やかにビスマルク諸島、蘭領ボルネオ、セレベスなどの要地を、次いでマレー作戦の進捗に伴い南部スマトラの要地を占領いたしまして、ジャワに対する作戦を準備するとともに資源要域を確保いたします。

またモルッカ群島およびチモールの要地を占領いたします。

2、ジャワ攻撃のため航空基地の整備に伴いまして敵航空勢力を制圧いたしましてジャワを攻略いたします。

またシンガポール占領後適時北部スマトラの要域を占領いたします。
3、以上申し上げました作戦中米国主力艦隊の行動に応じまして連合艦隊が邀撃配備に転換しまする場合あるいは露国参戦などがありましてもフィリピンおよびマレー作戦は継続遂行し、なし得る限り速やかに既定作戦目的の完遂を図ります。
4、以上の間機を見て南部ビルマの航空基地などを奪取し、なお作戦概ね一段落いたしましたなれば状況これを許す限りビルマ処理のための作戦を行います。
5、上陸作戦は敵の陸海軍の攻撃を排除して行う敵前上陸を予期しております。
三、使用兵力について
本作戦に使用いたします陸軍兵力は師団十一、戦車聯隊九、飛行集団二、その他所要の軍直部隊を基幹としたものでございまして、その兵団区分並びに使用方面を左の如く予定しております。

総軍司令部
第十四軍　二師団を基幹としフィリピン方面に作戦す
第十五軍　二師団を基幹としタイおよびビルマ方面に作戦す
第十六軍　三師団（内二師団は他方面より転用したるもの）を基幹とし、蘭印方面に作戦す

第二十五軍　四師団を基幹としマレー方面に作戦す
南方軍直属　一師団、一混成旅団、二飛行集団を基幹とす
第二十三軍　一師団を基幹とするをもって香港方面に作戦す
南海支隊　師団の一部としガム島、ビスマルク諸島などに作戦す

四、作戦開始について
作戦開始日（作戦第一日）の決定は大命によります。

作戦は作戦第一日マレーに対する急襲上陸（状況により先制空襲）並びにフィリピンに対する先制空襲をもって開始いたします。

五、作戦要領について
1、対フィリピン作戦
開戦劈頭（へきとう）陸海軍航空部隊は協同して台湾およびパラオ方面並びに海上よりフィリピン方面敵航空勢力艦艇などを先制空襲いたします。

海軍部隊をもちましてバターン島を急襲し、速やかに不時着陸場を整備いたします。

先遣諸隊はフィリピンに対する航空第一撃の前日夕以降その集合点を発しまして陸海軍協同してアパリ、ビガン（次いでラオアグ）、レガスピーおよびダバオ付近

に上陸し、先ず航空基地を占領整備いたします。

陸海軍航空部隊は右にともない航空基地を推進して航空作戦を続行し、その成果を利用いたしまして第三艦隊を基幹とする部隊護衛の下に第十四軍主力をもってリンガエン湾付近に、一部をもってラモン湾付近に上陸を開始して速やかにマニラを攻略し、引続き群島内の要港を占領いたします。

軍主力の上陸後適時混成一旅団をルソン島に進めまして概ね作戦目的を達成せば、第四十八師団を蘭領印度攻略兵団としてマニラ付近に集結いたします。

2、対英領マレー作戦

第二十五軍、第三飛行集団および南遣艦隊を基幹とする部隊はその先遣兵団をもちまして作戦第一日バンドン、ナコン、シンゴラ、パタニー付近に奇襲上陸して速やかに航空基地を占領整備いたします。また陸海軍航空部隊は作戦第一日以降南部印度支那方面より主として英領マレー方面の敵航空勢力を先制空襲いたします。万一英国側の警戒厳重となりまして有力なる英軍の艦艇などがシャム湾に出没し、急襲上陸の可能性少なしと認められました場合におきましては、陸海軍航空部隊は協同して作戦第一日以降敵航空勢力、艦艇を先制空襲いたしまするとともに、先遣兵団は努めて少数の奇襲部隊をもってバンドン、ナコンおよび要すればシンゴラ、パタニー付近に奇襲上陸して速やかに航空基地を占領整備し、続いて先遣兵団主力は上陸を開始して奇襲部隊の戦果を拡張いたします。

第二十五軍の主力は先遣兵団の上陸に続いて逐次南部タイに上陸してマレー上陸先遣兵団の戦果を拡張して速やかにシンガポールを攻略いたします。

本作戦の進展に伴いまして機を見て一兵団を努めて南方においてマレー東岸に上陸せしめます。

3、対英領ボルネオ作戦

開戦劈頭南方軍直轄の一部をもってミリを急襲占領し、資源要域並びに航空基地を確保いたします。

ミリを占領したる後引続きクチンを占領して航空基地を獲得整備し、海軍航空部隊を推進します。

4、対香港作戦

第二十三軍の一兵団および第二遣支艦隊を基幹とする部隊をもってマレー方面に対する先遣兵団の上陸または空襲を確認したる後、作戦を開始しまして先ず所在敵艦艇を撃滅するとともに、九龍半島における敵陣地を突破したる後、香港島を攻略いたします。

香港攻略が完了いたしましたならば該兵団は蘭領印度攻略兵団として同地付近に集結します。

5、対ガム島およびビスマルク諸島作戦

南海支隊および第四艦隊を基幹とする部隊は先ずガム島を攻略し、次いでビスマルク諸島の航空基地を占領して南洋群島方面に対する敵の脅威を封殺いたします。このため作戦初頭ガム島を攻略し、次いで南海支隊はガム島の守備を陸戦隊と交代し、機を見て陸海軍協同してラバウルを占領し航空基地を獲得します。爾後南海支隊はなるべく速やかに同地付近の守備を陸戦隊と交代してパラオ付近に転進いたします。

6、対蘭領印度作戦

フィリピン作戦間陸海軍協同してなるべく速やかに第十六軍の一部をもって先ずタラカンを、次いでフィリピン作戦およびマレー作戦の状況に応じ逐次パリックパパン、バンジャルマシンを攻略します。また右作戦間または作戦終了後機を見てアンボンおよびクーパンを攻略し、所要の航空基地を整備するとともに資源要域を確保いたします。

この間海軍はタラカン攻略と概ね同時に単独にて先ずメナドを、次いでケンダリー、マカッサルを占領確保します。またタラカンおよびアンボンは該方面作戦一段落毎になるべく速やかに海軍がこれを交代守備いたします。

別に第十六軍の一部をもって英領マレーに対する作戦の進展に伴い機を見てバンカ島の要地およびパレンバンを占領し航空基地を整備するとともに資源要域を確保いたします。

前述の航空基地の整備にともないジャワ方面敵航空勢力を制圧いたしましたる後、第十六軍主力をもってバタビヤ付近西部ジャワに、また比島方面より転用の一兵団をもってスラバヤ付近東部ジャワに上陸し、速やかにバタビヤ、バンドン、スラバヤを占領し、引続きジャワの要域を戡定（かんてい）（勝ちさだめる）いたします。

シンガポール占領後マラッカ海峡を制圧し得るに至りましたならば第二十五軍の一部をもって適時マレー半島西岸方面よりメダン付近に上陸し、アチエー地方の要域を、次いで機を見てサバン島を占領いたします。

7、対タイ国およびビルマ作戦

タイ国およびビルマに対する初期の作戦目的はタイ国の安定を確保するとともに、マレー方面の作戦を容易ならしめ、併せてビルマに対する爾後の作戦準備をするにあります。

開戦初頭第十五軍は一部をもって南部印度支那より中部および南部タイに進入し、同方面の要地を確保するとともに一部をもってビクトリアポイント付近を占領いたします。

第十五軍主力は印度支那および北支那を出発し、夫々逐次バンコック付近に進入し、タイ国内の要地を占領いたします。

以上軍のタイ国進駐はタイ国を敵国とせざる主義にもとづき、努めて平和裡に行うべきものと考えております。

第十五軍は一部をもって機を見てムールメンなどの航空基地を占領いたします。

8、別に南方軍直轄の一兵団は北部印度支那に至り同方面の安定確保に任じ、特に支那軍の進入に対し警戒いたします。

以上は南方作戦計画の概要でございまして、海軍とも意見の一致を見たところでございます。

第二、南方作戦発動にともなう対支作戦について

支那に対しては帝国海軍と協同し概ね現在の態勢を保持するとともに、支那にお

ける米英など敵側諸勢力を掃滅いたしまして政謀略と相俟って対敵圧迫に努め、蒋政権の屈服を期します。

また万一南方作戦発動後露国と開戦の顧慮あるに至りましたならば適時所要の兵力を満州方面に転用いたす必要を生じまするので、この場合支那にありては占拠地域を整理して所要の地域を確保し、敵勢力の台頭を防止いたします。

第三、南方作戦発動にともなう対露作戦について

露国に対しましては概ね現在の態勢をもって警戒を厳にし、かつ作戦準備を強化いたしまして極力戦争の発生を防止します。

万一北方において米蘇が提携し、あるいは蘇軍単独にて我に挑戦し来りましたる場合におきましては、機を失せず支那および内地方面より所要の兵団を転用いたしまして速やかに極東蘇軍の敵航空勢力を撃破するとともに、爾後の攻撃を準備し、次いでなるべく速やかにウスリー方面の敵を撃破して同地方の要域を占領いたします。

右作戦遂行後における作戦は当時の状況によりまするが、状況これを許すにいた

りましたならば黒龍江方面の敵を撃破しまして極東露領の要域を占領確保いたします。

また適時北カラフトおよびカムチャッカ方面の要地を占領いたします。

右謹んで上奏いたします

昭和十六年　月　日

参謀総長　杉山　元

第二章　南方作戦決定の経緯（機密作戦日誌抜粋）

1、支那派遣軍に対する連絡事項　昭和十六年九月

一、対南方戦争発動に伴う対支作戦指導の方針に関しては全般の関係を考慮し目下研究中であり、未だこれを開示し得る域に到達していないが、兵力抽出のため対支作戦を著しく困難とするようなことは考慮されていない。むしろ南方処理の一環において支那事変処理を飛躍的に促進させることを期している。

二、加号作戦（第一次長沙作戦）の戦況によっては「あ」号作戦（南方作戦全体）準備に支障ない範囲において所要の航空部隊を適時訓練を兼ね加号作戦に協力させることは拘束されていないので、この指導を適切にされたい〈例えば在広東一二FR

（重爆）をもって訓練を兼ね広東を基地として詔関、衡州方面などを攻撃することは支障なし〉。

三、「あ」号作戦に関する細部の事項について

（1）寧波にある第五師団の主力は一応上海付近に集結のうえ南方に転進させられる予定で、寧波より上海に至る輸送のための所要船舶は独立混成第二十旅団の輸送に使用したものおよび現に中支方面に配当してあるものを充当される筈である。また同師団の増加装備、資材など（一部の駄馬装備用とする）は南方転用に間に合うよう上海に輸送するよう処置した。

（2）越冬準備のため北支に建築中の施設は、将来所要の兵力を位置させる必要を生じる場合があるので、所命のようにこれを進められたし。そしてこの使用にあたっては既に連絡したとおり随時これを解放できるようにされたい。

（3）「あ」号作戦のため転用される部隊の熱地用被服などの交付は第一次輸送部隊にあっては到着地において、第二次以後の輸送部隊にあっては乗船地において実施するよう処置している。

四、内地作戦準備を秘匿するため情況により近く延長、延安方面に対し作戦するように欺騙する工作を実施することがあるので、考慮して置かれたし。

2、陸軍大学校において南方作戦兵棋を実施

一、統裁官　塚田次長（参謀次長）
一、時日　自昭和十六年十月一日　至十月五日
一、専習員　各軍参謀要員
一、訓示

太平洋の風雲方に急にして一億国民の関心均しく時と断との一点に傾注せられあるの秋、ここに諸官と一堂に会して征師（出征する軍）必勝の策案を討究することを得たるは本職の極めて満足するところなり。

惟うに南方戦争は真に国家の興亡を賭する大戦争にして、今や皇国の危機その極点に達し、一億の生命確保と東亜の和平安定とは一に軍の双肩に懸かると謂うべし。

而して必勝の途は一に万全余すところなき物心の準備の完璧に索め得べく、宜しく大本営と作戦軍とは正に一体同心特にその信念を同じうし、所謂「先勝而後求」（先ず勝って而して後求む）の境地に到達せざるべからず。

諸官已に今次兵棋演習において体験せる如く、急襲先制は南方作戦全般を貫く構

想の根本なり。宜しく企図を絶対に秘匿し、然も一度起つや疾風迅雷尽く敵の意表に出で機先を制するに努めざるべからず。特に今次演習は総てこれを実際の作戦計画を基礎としたるものなるをもって、機密保持の点に関しては特に深甚の注意を要望して息まず。

希くば今次演習を基礎としてさらに研究準備を完璧ならしめ、もって必勝の信念を堅持して国策発動の機を待たれんことを。

この数日来の労を多とし併せて諸官の自重自愛を切望す。

3、あ号作戦準備補足のため臨時編成部隊その他に関する追加要望（案）　十月九日　参謀本部第二課

第一、臨時編成または動員関係

一、第十五軍司令部の臨時編成

1、タイ国の安定およびビルマ作戦のため設ける。

2、概ね二師団の統帥およびタイに対する政略関係事項を処理し得る機能を持たせる。

3、編成時期は南方軍総司令部などの編成と同時とする。
一、第五十六師団主力の動員
1、マレー方面の作戦遂行の確実迅速を期するため。
2、決意とともに動員しなるべく速やかに南方に推進する。
一、軍直属部隊および航空関係部隊の動員および臨時編成は別紙のとおり。
一、使用兵団（部隊）の装備増強
1、主要兵団の装備上の欠陥を至急補足する。
このため主任者をなるべく速やかに巡視せしむるを可とする。
2、第二十一、第三十三師団の編制に防疫給水部を設ける。

第二、その他の事項
一、船舶は開戦後少なくとも三箇月まではその損耗を補填して常時二百十万トンを保有する。
一、船舶約二十万トンの一時増加徴傭
作戦遂行の確実迅速を期するため開戦前約二十五日頃より開戦後約二十五日頃までの間一時徴傭する。

一、艤装材料約七十万トン分の整備
十一月末頃までに二十万トン分、十二月末頃までに四十万トン分
右は追加徴傭船舶の分および損耗補填の予備資材とする。

別紙

新たに動員または臨時編成すべき部隊
通信隊本部一、臨時編成
独立通信中隊二、動員、無線二号機二機ずつ増加装備
独立自動車大隊一、動員
独立自動車中隊四、動員
独立輜重兵大隊一、動員
野戦道路隊一、動員
患者輸送小隊二、動員
陸上勤務中隊二、動員
水上勤務中隊二、動員
建築勤務中隊一、動員

野戦憲兵隊一、臨時編成
野戦郵便隊二、〈一一（三師団分）、一五（二師団分）〉動員
幹部補充部隊　第二十五軍または同軍隷下師団に幹部補充機関を設ける。

航空関係臨時編成部隊
飛行第五十四戦隊（戦闘）
飛行第十四戦隊（重爆）
飛行第六十二戦隊（重爆）
独立飛行第四十七中隊（戦闘）
南方軍気象隊本部（新設）
野戦気象第三大隊本部
気象第五、第六中隊
航空管区司令部（新設）
戦地補充隊（新設）

4、あ号作戦計画に関する第二十五軍の要望に関する回答　十月十五日　参謀本部第一部

貴軍よりの要望に対して概ね左のごとく処理する予定で、近く決定次第通報する予定であるが、取敢えず左のとおり回答する。

一、五五D（第五十五師団）の開戦直前における進駐位置について

企図の秘匿の重要性については中央においても最も関心のある所であり、貴見に合うよう処置いたしたい。ただしタイおよび印度支那の万一の状況に応じるとともに、近衛師団を速やかに交代集結するため左のように処置するものとする。

（1）五五Dの約二大隊を開戦の直前南部仏印に至らせ、劈頭の作戦に応じ得るよう乗船のまま待機させる。

（2）五五Dの一部（歩兵約二大隊、砲兵約一大隊と腹案している）を開戦直前カムラン湾に上陸させる。

（3）五五Dの主力は北部仏印に、またできれば二一Dなどの一部を努めて開戦直前北部仏印に輸送する。

二、タイに対するGD（独立混成旅団）の用法について

タイに対してはGDを使用することを適当とするのは同意見である。ただし現在大本営においてはタイに対し作戦当初より一軍を充当するように研究中であり、この場合においては近衛師団の主力を一時この軍の指揮に入れざるを得ない。ただしこの軍の任務は第二十五軍の作戦を容易にすることを第一とし、また近衛師団の使用を当初の短期間に制限する件に関しては考慮している。

また第五十五および第三十三師団は当初より新たなる軍の戦闘序列に入れられる予定である。

三、開戦直前の奇襲上陸について

南方全域の開戦を同時として各方面先制奇襲の効果を期待する関係上他方面に及ぼす影響を考慮し、開戦前の奇襲上陸は実施しないこととし、先遣兵団主力をもって開戦劈頭奇襲上陸するものとして計画を進められたい。

先遣兵団の上陸日は絶対にX日より遅らせることなく、その上陸をもって開戦の基準としている。

四、五Dの進出線について

五Dが好機を捕捉して深く前方に進出することは全く同意見である。先遣兵団を迅速確実に上陸させようとする方針には変化なく、ただし先遣兵団の兵力編組を著しく増大強化することは船舶の運用、海軍の護衛などの関係上困難であるから、貴見のように戦車約二中隊、自動車約百ないし百五十輌程度を同時上陸させ、次いでなるべく速やかに所要の威力および機動力を上陸追及させるよう処置いたしたい。

五、作戦企図の秘匿に関しては中央においても目下研究中であるので、十分に貴見を取入れることといたしたい。

六、バンコク―シンゴラ間の定期船は既に隻数を増加実施中である。サイゴン―ハチャン間の定期船は海上トラック約二十五隻が本月下旬より来月上旬にわたり逐次サイゴンに到着するので、軍においてこれを実施されたい。

5、対支作戦中南方作戦発起に伴う支那派遣軍の作戦（案）　昭和十六年十月二十二日　総軍第一課　軍事機密

第一、方針

支那派遣軍は適時長期戦態勢に転移し、海軍と協同して政戦謀略の対敵圧迫を継続し、蒋政権の屈服を期するとともに支那における米英などの敵側諸勢力を掃滅す。

第二、指導要領

一、中央の示すところにしたがい南方作戦に使用する部隊およびその他所要の部隊を転用または集結する。

二、右部隊の抽出にともない適時長期戦態勢に転移し、政戦謀略の対敵圧迫を継続する。

三、速やかに対支交戦権を行使し米、英など敵側諸国の在支勢力特にその権益および租界を接収する。

四、速やかに香港を攻略し、英国の根拠を覆滅する。

五、治安粛正および対敵封鎖を強化促進する。

第三、部署の大要

一、南方作戦のための転用部隊たる二一D、三三D、五D、一八D、(三八Dは香港攻略後)、その他軍直、航空部隊を既に連絡のあった期日に所要の方面に転進させた。また四D、六Dを三角地帯(揚子江下流)に集結して大本営予備とする。

二、長期戦態勢において確保すべき地域は概ね現占拠地域とするが、武漢地区においては適宜襄西地区、岳州および南昌付近を整理し、武漢周辺の要域を確保するとともに、若干の予備的兵力を集結する。また南支方面においては新たに香港を確保する。

三、対支交戦権の発動に伴い上海および天津租界を接収する外、所要の第三国権益を没収する。

四、香港の攻略に関しては既に計画したところによる。

五、所要の編制改正を行う。即ち三D、一一六D、一一〇Dの三単位改編(従来の師団を機動性に優れた部隊編成にするため歩兵旅団、戦車旅団、野砲旅団の三つに改編)を行う。これに伴い混成旅団一を派遣軍に増加されることがある。その他所要の在支部隊の改編を行うことがある。

六、治安粛正および対敵封鎖の実施は概ね従来の要領による。

第四、各軍に対する指導

一、北支那方面軍

二一D、三三D主力その他の抽出、一一〇Dの三単位改編を実施されるが現任務を続行させる。

（1）今後問題となることがあるべき左記作戦に関しては次のように指導する。
①鄭州は橋頭堡（きょうとうほ）陣地の築城および黄河の橋梁が完成すれば適時これを撤収する。撤退の時機を南方作戦発動と関連させることができれば有利である。
②山東の粛正は計画どおり実施させる。ただしこのため二一Dの抽出転用が遅延することがないようにする。
③対閻局部攻勢（閻錫山軍に対する局地的な攻撃作戦）はこれを認可する。
④五原作戦（五原とは五台山、原平、太原、忻口、石家庄の五都市を指し、華北平原を制圧するための作戦）は絶対に実施させない。
⑤延長、延安作戦は中央の命令がない限り進んで実施させない。
⑥西安攻略などは当分の間過望（期待を超えている）とする。
（2）兵団配置上左記の点に着目する
①包頭付近は差当り一KB（騎兵旅団）のみで十分である。
②四KBは現警備地域に依然配置することを可とする。
③運城平地は依然黄河の線を確保することを適当とする。兵力を節約しようとして黄河の線を徹するときは畢竟（ひっきょう）（結局）滞陣状態を呈し、同等もしくはそれ以上の兵力を要するに至る。

二、第十一軍

(1)南方作戦および編制改正に伴い第十一軍より削減されるべき主な兵力は左のとおりである。

二〇Bs(独立旅団)から四大隊、三三Dの一部から三大隊、四Dから九大隊、六Dから九大隊、三Dの一部から三大隊、合計二八大隊

(2)中央より混成旅団一を増加されたときはこれを第十一軍に与えるのが至当であるが、目下のところこれを胸算することなく爾後の部署を決定することを要する。

(3)第十一軍が保有することができる兵力は畢竟するところ左のとおりとなる。

一三Dが一二大隊、三九Dが九大隊、三四Dが九大隊、四〇Dが九大隊、一四Bsが五大隊、一八Bsが五大隊、三Dが九大隊、合計五八大隊

三、第十三軍

(1)南方作戦および編制改正に伴い第十三軍より削減されるべき主な兵力は左のとおりである。

五Dから一二大隊、一一六Dの改編で三大隊、合計一五大隊

(2)右に伴い増加された兵力は、

二〇Bsに四大隊、二一is(独立歩兵大隊)に三大隊

（3）差引減少兵力は八大隊となる。ゆえに第十三軍からこれ以上兵力を削減することは絶対受け入れられない。

6、対支作戦および南方作戦中露国の参戦せる場合の作戦

一、帝国陸軍の作戦目的

米、英、蘭および支に対しては依然変化なし。

露国に対しては極東露軍を撃破し、その要域を占領するにあり。

二、対支作戦方針

機を失せず満州方面に使用する兵力を転用し、かつ所要の地域を確保する。

三、作戦指導要領

（1）北支那方面

所要の兵力を満州方面に転用するとともに一部の戦線を整理する。

占拠すべき地域中主要なる治安確保地域は太原、済南を連ねる線以北の地域とする。

蒙彊方面においては特に露軍に対する警戒を厳にする。

四一D、一七D、三二Dを満州に転用し、混成旅団二を増派する。
北方状況の進展に応じさらに九五D、三六Dを満州方面に転用する。

(2) 中支那方面
所要の兵力を満州に転用するとともに概ね現占拠地域を確保する。

四D、六D、二二D、三Dその他所要の軍直部隊を満州に転用し、混成旅団一ないし二を増加する。

(3) 南支那方面
概ね現占拠地域を確保する。
状況により広東付近を放棄し、戦線を整理することあり。

四、第二十三軍
(1) 南方作戦に伴い削減されるべき兵力は一八Dから一二大隊および三八Dから九大隊の計二一大隊であるが、五一Dを増加されたので差引一二大隊の減となる。
(2) しかし元来第二十三軍の兵力は他の軍に比べて著しく豊富であるので、依然現任務を続行させることに何等不安はないものとする。

7、上奏　南方に対する作戦準備の現況について

謹んで南方に対する作戦準備の現況につきまして上奏いたします。

一、先に御允裁を仰ぎましたる第一次臨時編成部隊の派遣輸送は既にその大部を終了いたしまして、目下独立混成第四聯隊および所要の軍直部隊の大部よりなる約一万二千の兵力は北部仏印に、主力たる爾余の部隊は台湾および南支那に集中いたしまして、第五十一師団は広東に集結を終りました。

二、南方作戦軍の主力であります第二次、第三次の臨時編成いたしました部隊は既にその編成を完結し、内地の各編成地において所要の訓練に努めております。

その主要なる部隊は第二師団、第十六師団、第五十五師団、第五十六師団の一部、第六十五旅団、軍直部隊でありまして、支那満州方面より転用せらるる部隊とともに、何時にても作戦準備完成に転移し得る如く待命いたしております。

三、先に臨時編成を命ぜられました要塞部隊を主とする防衛部隊および防空部隊は既にその編成を完結いたしまして逐次所要の配置につき、訓練に努めております。特に防空部隊にありましては最近全国的に防空演習を実施いたします等により逐次訓練成果の向上に邁進いたしております。

以上のごとく各方面の作戦準備は逐次進捗いたしておりますが、あくまで御決定の方針を体しまして現状勢に応じる外交施策の遂行に支障なからしむる如く細心の注意を払って来た次第でございます。

今後益々作戦準備の完整に努め万違算なきを期しております。

昭和十六年十月二十九日

参謀総長　杉山　元

8、対南方作戦準備のため第一次の兵力推進に関し命令相成度件（あいなりたし）

対南方作戦準備一般の要領並びにその実施に伴う兵力推進の概要につきましては過日上聞に達しましたが、これを時期的に申し上げますれば、

一、外交々渉間における作戦準備

二、開戦決意後における作戦準備

でございまして、兵力の推進はこれを三次に区分いたしておりますが、本日御允裁を仰ぎまする命令は第一項に属するものでありまして、満鮮方面より推進するもの

および内地より派遣する編成部隊の主力などでありまして、その兵力は約七万六千であります。

本命令の内容中主なる部隊は南支那方面において第十八、第三十八師団の集結に伴いその交代部隊たる在満の第五十一師団の派遣、印度支那、台湾などにおける飛行場など作戦基地設定のための部隊およびその他の軍直兵站部隊の推進であります。

今次の兵力推進におきましては既に上奏申し上げました如く重要なる外交々渉に全力を尽くしている時でありますから、できるだけこれに支障を及ぼさないよう注意いたしまして、その兵力を努めて少なくし、またはあらゆる手段を尽くして秘匿に努めまするとともに、その大部分は南支、台湾などへ派遣するものでありまして、南部仏領印度支那には飛行場整備のため欠くべからざる若干の地上部隊などを派遣するに止めております。これら部隊は支那派遣軍関係台湾軍第二十五軍戦闘序列に編入し、もしくはその隷下または指揮下に入らせることが適当と存じます。

なお第一次の推進部隊にして編成未完のものがありますので、本月末頃若干部隊の派遣命令発令を仰ぐ予定であります。

また今後における兵力の推進は二期に分ち、第二次は開戦決定後作戦のため集合地点に派遣されるものにして、第三次は開戦後直接作戦計画所定の地点に派遣するものでありまして、これに関しましてはさらに御允裁を仰ぎます。
右謹んで御允裁を仰ぎ奉ります。（月日不明）

9、寺内南方軍総司令官と連合艦隊司令長官および第二艦隊司令長官間の協定（第一）

一、日時　自昭和十六年十一月八日　至昭和十六年十一月十日
二、場所　東京　陸軍大学校
三、会同者
(1)南方軍総司令官および所要幕僚
(2)連合艦隊および第二艦隊各司令長官および所要参謀
(3)参謀本部および軍令部より総長並びに次長は適時、第一部長または作戦課長および作戦主任部員は常時立会す。
(4)第十四軍、第十五軍、第十六軍並びに第二十五軍および第三、第五飛行集団の各参謀長、高級参謀またはその代理者（やむを得なければ上記の中一名）立会す。
(5)第一艦隊、第二艦隊、第四艦隊、南遣艦隊、第十一航空艦隊の主席参謀または

参謀長立会す。

四、実施要領

（1）協力相手たる陸海軍両司令部の計画により実施す。

（2）会場の設備は主として陸軍において担任す。

（3）両総長は適時所要の挨拶を行う。

（4）総司令部、第十五軍、第十六軍並びに第二十五軍の各幕僚と南遣艦隊の幕僚間において第三の協定に関しなるべく下協定を進め、本協定（第三に記述）を容易ならしむ。また状況により第二の協定に立会い下協定を進捗させる。

10、第十四軍司令官並びに第十六軍司令官と第三艦隊司令長官間の協定
第三飛行集団長並びに第五飛行集団長と第十一航空艦隊司令長官間の協定
第三飛行集団長と第二十二航空戦隊司令官間の協定
南海支隊長と第四艦隊司令長官間の協定（以上　第二）

一、日時　自昭和十六年十一月十四日　至昭和十六年十一月十六日

二、場所　岩国海軍航空隊

三、会同者

（1）第十四軍並びに第十六軍各司令官および所要幕僚

（2）第三、第五飛行集団長および所要幕僚

（3）南海支隊長および参謀

（4）第三艦隊、第四艦隊、第十一航空艦隊司令長官および所要幕僚並びに第二十二航空戦隊司令官および所要幕僚

（5）南方軍総司令部並びに連合艦隊司令部の所要人員立会す。

（6）参謀本部並びに軍令部の所要人員立会す。

四、実施要領

現地軍の計画により実施す。

11、南方軍総司令官および第十五軍、第十六軍各司令官と南遣艦隊司令長官間の協定（第三）

一、日時　第一の協定終了後なるべく速やかに行う。

二、場所　サイゴン

三、会同者
（1）総司令部および第十六軍所要幕僚およびボルネオ支隊長
（2）第十五軍並びに第二十五軍各司令官および所要幕僚
（3）南遣艦隊司令長官および所要参謀
（4）参謀本部並びに軍令部より所要の人員立会す。
四、実施要領
（1）現地軍の計画により実施す。
（2）東京における幕僚間の協定を資料とす。

12、第三十三軍司令官と第二遣支艦隊司令長官間の協定（第四）

一、日時　作戦準備に関する命令受領後なるべく速やかに行う。
二、場所　広東
三、会同者
（1）第三十三軍司令官および所要幕僚
（2）第二遣支艦隊司令長官および所要幕僚

（3）支那派遣軍総司令部所要参謀立会す。
（4）参謀本部並びに軍令部より所要の人員立会す。
四、実施要領
現地軍の計画により実施す。

13、「帝国国策遂行要領」に関連する対外措置抜粋　昭和十六年十一月五日
御前会議決定

一、対タイ
（1）進駐開始直前左記を要求し、迅速にこれを承認させる。
タイが帝国の要求に応じない場合においても軍隊は予定どおり進駐する。ただし日タイ間武力衝突はこれを局限することに努める。

左記
①帝国軍隊の通過並びにこれに伴う諸般の便宜供与
②帝国軍隊の通過に伴う日タイ軍隊の衝突回避措置の即時実行
③タイの希望によっては共同防衛協定の締結

（註）本交渉開始前における対タイ態度は従来と特別の変化がないようにし、特に
　開戦企図の秘匿に万全の考慮を払うものとする。
（2）進駐後速やかに左の諸件に関し具体的に現地において取極めを行う。
①帝国軍隊の通過および駐屯に関する事項
②軍用施設の供用および新設増強
③所要の通信交通機関および工場施設などの供用
④通過並びに駐屯軍隊に対する宿営、給養など
⑤所要軍費の借款
備考
　第一、第二項の交渉にあたっては昭和十六年二月一日大本営政府連絡会議決定の対仏印施策要綱に準拠し、タイの主権および領土の尊重を確約し、なおタイの態度によっては将来ビルマもしくはマレーの一部を割譲すべき旨を仄めかすことにより交渉を有利にする。

14、作戦準備間敵のタイ国侵入または先制攻撃を受けた場合の対タイ行動に関する協定　昭和十六年十一月七日　大本営陸軍部・大本営海軍部

一、英軍がタイに進入した場合の行動

（1）作戦開始（X日）に関する大命発令前においては別命により進入する。右大命発令後においては南方軍総司令官と連合艦隊司令長官間に定める所にもとづき、適時進入するものとする。ただし右進入にあたってはできる限り予定の如く作戦を遂行し得るよう英軍に対する行動に関し考慮するものとする。

（2）進入は陸海軍協同して実施することを本則とし、その細部の要領は南方軍総司令官、連合艦隊司令長官において協定する。

（3）進入に関する全般の処置は別に定める対タイ外交措置と密に連繫させ、かつ努めて平和的に実施するものとする。

二、英米両国または英国より先制攻撃を受けた場合の対タイ行動は前項に準じる。米国より先制攻撃を受けた場合タイに進入するや否やに関しては、当時の状況に鑑み大本営において決定し特令する。

15、兵棋による作戦計画ご説明に関する件

御前兵棋実施要領により作戦計画のご説明を実施いたし度、右執奏方措置相成度
なお御前兵棋実施の際には思召しにより元帥を陪席せしめらるるよう執奏方相成度
発信年月日　昭和十六年十一月八日
発信者　参謀総長、軍令部総長
宛名　侍従武官長

16、海軍作戦計画　軍機（軍事機密を意味する最高度の秘密）

（本説明書は作戦計画允裁の際軍令部総長の上奏するものなるも、御決意前に計画を上聞する時は本書をやや詳細に御説明する）

謹みて海軍作戦計画の大要につき奏上いたします。

第一段作戦における陸軍と協同して行う南方要域の攻略作戦に関しましては、只今参謀総長より奏上いたしましたとおりでございますので、ここには海軍単独の作

戦に関し申し述べることといたします。

開戦劈頭比島およびマレーに対する先制空襲となるべく時を同じくして、第一航空艦隊司令長官の率いる航空母艦六隻を基幹とする機動部隊をもちまして、ハワイ在泊中の敵主力艦隊を空襲いたします。

右機動部隊は千島にて補給のうえ、開戦十数日前内地を進発いたしましてハワイ北方より近接し、日出一、二時間前オアフ島の北方約二百浬付近にて全搭載機約四百機を発進せしめ、碇泊中の航空母艦、戦艦並びに所在航空機を目標として奇襲攻撃を加える計画でございます。

本奇襲作戦は桶狭間の戦にも比すべき極めて大胆なる作戦でございまして、その成否はもとより戦運により左右せらるること大でございますが、奇襲当日敵艦隊が在泊しております限り戦艦および航空母艦各二、三隻を撃沈いたしますことは可能と存じます。なお敵艦隊の動静に関する情報入手の方法についてはあらゆる方法を講じております。

右機動部隊は奇襲攻撃後直ちに避退いたしまして、補給修理のうえ南洋群島の防備または攻略作戦の支援に任じます。第二艦隊を基幹とする部隊は開戦初頭よりフィリピン周辺の海面および南支那海において航空部隊の索敵と相俟ちまして敵艦隊を索めてこれを撃滅し、東亜の海面を制圧いたしまして陸軍攻略兵団の海上輸送を安全ならしめます。

第三艦隊に第二艦隊の二箇水雷戦隊を加えたる部隊をもちまして比島攻略兵団の輸送護衛並びにその上陸掩護に任じ、また南遣艦隊に第一艦隊の約一箇水雷戦隊を加えたる部隊をもちましてマレー攻略兵団の輸送護衛並びに上陸掩護に任じます。ただしマレー攻略兵団主力の輸送並びに上陸掩護にあたりましては比島攻略兵団の護衛に従事いたしました艦艇若干を南遣艦隊に転用することといたします。

次いでボルネオ、セレベスの要地などの攻略に当りましては護衛に必要なる兵力を逐次比島およびマレー方面より融通いたします。

ジャワ攻略兵団の護送並びに上陸掩護は主として第三艦隊を基幹とする部隊がこれに任じます。

香港攻略には第二遣支艦隊を基幹とする部隊が海上よりこれに協力いたします。

ガムおよびラバウルの攻略にあたりましては第四艦隊を基幹とする部隊をもちまして攻略支隊の輸送並びに上陸掩護に任じます。

また第四艦隊の一部は海軍陸戦隊をもちまして開戦初頭ウエーキ島を占領いたします。

第六艦隊は開戦数日前よりハワイの監視任務につきましてハワイ在泊艦隊の動静偵知に努め、その成果を前述機動部隊に通知いたしまするとともに、敵艦隊の出港に当りましてはこれの奇襲などに努めます。

また連合艦隊直属の二箇潜水戦隊は開戦直前より比島およびシンガポール方面に配備いたしまして敵艦艇の奇襲攻撃に任じます。

第五艦隊を基幹とする部隊は本邦東方海面の哨戒に任じて、敵の奇襲に備えまするとともに、小笠原群島方面の防備並びに海上交通線の保護に任じます。

各鎮守府、要港部部隊は各担任区域の要地防衛並びに海上交通線の保護に任じます。

第一段作戦中もし米国主力艦隊が来航いたしますれば第三艦隊および南遣艦隊を残し連合艦隊の大部を挙げてこれを邀撃撃滅いたします。ただし敵艦隊の来航がマレー攻略軍主力の上陸前の場合には、必要なる護衛艦隊を同方面に残し、これの護衛並びに上陸掩護に任ぜしめます。

『我が方の作戦開始前米国が先手を打ってその主力艦隊を挙げて進攻して来る如きことは有り得ざるものと判断いたしておりますが、万一かかる事態が生起いたしました場合には南方攻略作戦の発動を差控えまして我が艦隊の全力を挙げて先ずこれを邀撃撃滅いたします腹案でございます。』米国主力艦隊との決戦に関しましては先般奏上いたしました如く我が方が決戦を企図して邀撃配備を執りました場合には現在の彼我の兵力比並びに地の利などに鑑みまして十分なる勝算がございます。即ち米国海軍が仮に大西洋に在る艦艇を全部引揚げ決戦場に集中しました場合におきまして、我は彼の約七割五分の勢力を有し、航空母艦におきましては彼の七隻に対し我は小型を併せ十隻を有しております。

米国海軍は現在艦艇の約四割を大西洋に配備しておりまして、日米開戦の場合にも独逸海軍に対する防御のため若干の兵力を残す必要がございますので、決戦場における彼我兵力比はさらに有利となるものと判断せられます。

また決戦海面を南洋群島に展開する我が基地航空機の行動半径的に選定いたしますれば、決戦場における航空兵力は絶対優勢となる見込でございます。

攻略作戦が終りますれば第一、第二艦隊はなるべく速やかに内地に帰還いたしまして補給修理を行い、敵艦隊の出撃に備え、第三艦隊はフィリピンおよび蘭印方面の防備に、南遣艦隊はシンガポールおよびスマトラ方面の防備に任じます。

第四、第五艦隊の任務は第一段作戦と略同様でございます。長期戦となりますれば海上交通線の保護並びに通商破壊戦がその主体を為しますので、内戦部隊の外第三艦隊、南遣艦隊および連合艦隊の水雷戦隊の大部をもちまして内地沿岸、日本海、黄海、東海などの海上交通路を確保いたしまする外南方地域と帝国との間の海上交通線の確保に任じます。

また敵の企図する通商破壊戦を困難ならしめますため敵が潜水艦基地として利用することあるべき濠州北部、ニューギニア、その他南太平洋諸島にある敵前進基地の奇襲破壊に努めます。

敵の通商破壊のためには潜水部隊の一部および特設巡洋艦などを米国西岸、南太平洋および印度洋方面に派遣いたしまして米国西岸の通商、ハワイの後方連絡並びに印度濠州と米および英本国との交通線の破壊に努めます。

持久戦となりました場合の作戦の見通しは極めて困難でございますが、年月の経過とともに通商保護のため必要なる小型艦艇並びに沿岸哨戒用飛行機などを整備されてまいりますし、また仮に敵が多数潜水艦を建造いたしましてもその日本沿岸並びに南支那海方面において使用し得ますものは根拠地が著しく遠距離にあります関係上、その四分の一にも達し得ぬ見込みでございますので、帝国自存上必要なる海上交通線の保護は可能の見込でございます。

また独逸と緊密に提携することによりまして有効なる通商破壊戦を実施致しまし

て、少なくも濠州は英米よりこれを孤立せしめますことは可能と存じます。

なお詳細は後日御前兵棋演習の際申述べることといたします。

次に対英米蘭作戦中露国と開戦する場合の作戦方針につき申述べます。

南方に対する第一段作戦終了後露国との間に開戦となりました場合には略々（ほぼ）年度作戦計画に準じ対露作戦を遂行いたします。この場合も勿論米国に対する備えを怠ることは出来ませぬので第六艦隊は依然として敵主力艦隊の監視を継続いたしまするし、基地航空部隊の一部は南洋群島方面に展開いたしまして南洋群島の防備、哨戒、敵情偵察などに従事する必要がございます。

また水上艦艇も米国艦隊の動静に応じて直ちに太平洋方面に出撃する必要がございますので、対露一国作戦の場合の如くその全力を対露作戦のみに充当することは出来ませぬ。

もし南方攻略作戦の途中露国との間に開戦となりました場合には、主として第五艦隊および内戦部隊をもちまして先ず守勢を執り、専ら本邦沿海の海上交通線の保護並びに要地の防空に努めます。而して南方作戦の情況これを許すにいたり次第軽快部隊および航空部隊の一部を対露作戦に転用いたしまして、逐次積極作戦に転じることといたします。

以上をもちまして作戦計画に関する奏上を終ります。

註　本上奏文のうち『』で示した箇所は上奏前に削除された。
削除の理由は次のとおりである。

1、従来あ号作戦の研究中に本件に触れることなく、かつ中央現地ともに作戦予想に動揺を生じる虞あり、かつ公算極めて少なきこととなるをもって、記述するの要を認めず。

2、万一本件に関し御下問ありたる場合は左記要旨により奉答す。

左記

この如きことは公算極めて少なく先ず有り得ざるものと判断いたしますが、万一かかる事態が生起いたしました場合の処置につきてはさらに慎重研究いたします。

17、最近における西南方面支那軍情　昭和十六年十一月十一日　第七課　極秘

一、要旨

最近における極東情勢の緊迫感は西南方面支那軍情にも相当反響を示している。

昆明防衛強化の促進並びに広西省方面からの一部支那軍の仏印進入の動向など注目すべきものがある。またいわゆる英支合作（英国は兵器や資金の援助を行い中国軍を支援した）による支那正規軍のビルマ進駐は未だ大きな部隊の入緬は実現していないと認められるが、特種任務（援蒋物資の整備および運搬、英支合作遊撃戦要員など）の僅少な支那軍隊の在緬は判断されるところである。

二、昆明防衛動向

　本年七月以降は特殊な変化は認めないが、逐次防衛の強化は促進されつつある。特に最近「あ」号作戦の宣伝および北部仏印における日本軍情に鑑み、日本軍南進の目的を滇緬（てんめん）ルート（ビルマ公路、雲南省の昆明とビルマのラシオを結ぶ総延長一一五四キロに達する道路で、険しい山岳地帯を貫き難工事の末完成した。ビルマの英国植民地時代に英国と中国が協同で建設した補給路で、抗日戦争を継続する上で重要な役割を果した。援蒋ルートの一つ。一九四二年日本軍はミッチーナーを占領し滇緬公路は閉鎖された）の遮断にありと判断しているようであり、昆明南正面における陣地の強化、仏印に対する情報収集の励行および交通網の破壊など、昆明の防衛に狂奔しつつある。

　雲南に対する兵力移動は五Ａ（在貴陽）、五二Ａ（在広西省平馬）の二軍の移駐の外に認めない。

最近七四A（砲兵）、七九Aの二軍を湖南省より広西省桂林付近に移動させつつある。また白崇禧を首班とする西南総司令部新設の情報があるが未だ明確ではない。

三、仏印進入動向

在広西省龍州第三十一軍（三箇師団約二万五千）は仏印進入を命じられ、この準備を行いつつあることは確実で、その企図するところは日本軍雲南攻撃の牽制か、あるいは日本軍南進の牽制かは分明でないが、もし我が軍が何れか積極的行動に出る場合は支那軍が北部仏印（諒山―河内）進入を発動することを予期しておくことを要する。しかしその準備兵力および北部仏印の地形などに鑑み、我が軍が現在程度の兵力を保有する限り大規模な決戦的攻撃に出る公算は少なく、支仏印国境付近を根拠とする遊撃戦程度のものと考えられる。

四、支那正規軍のビルマ進駐

英支軍事合作（西南共同防衛）による支那軍の入緬に関し従来種々取沙汰されているが、最近支那軍が昆明以西地区への大部隊の移動を行った形跡は認められない。七月に雲南軍一箇旅団（約五千）が大理に移動したのみである。八月初旬昆明の仏領事は「五万ないし十万の支那軍がビルマ方面に輸送された」と報じているが、この軍は武装、装備を持たないことは確実で、当時マレーの防備強化のため英より支那に労働力を要求し、これに対し支那においては七月中旬広東、上海方面において人夫を徴傭し、これを輸送した情報もある。いずれにせよ今のところ大きな支那正規軍（殊に戦略兵団）のビルマ進入は未だ実現されていないものと認められる。

しかし援蒋物資の受領、運搬、整備、通信などのため少数の支那軍が入緬している外、英支間に商議された英支遊撃戦学校がビルマ内に設置されたものとすれば、この要員（約二千）が在緬しているものと判断される。

なおメイミョウ付近（マンダレー北方）地区にビルマ軍の「ジャングル戦学校」がある。メイミョウ遊撃戦学校の教官ジョンソン中佐は重慶側の遊撃戦教育援助のため在重慶遊撃戦訓練所に出張することがある。重慶には在来より西北、西南および重慶に遊撃戦訓練所を設置している。

18、南方事情 第一号 昭和十六年十一月十五日 参謀本部第六課 極秘

一、十一月上旬における兵力

南方地域（マレー、ビルマ、香港、比島）における陸空軍総兵力は左のように判

断される。

陸軍　約二十五万

飛行機　約八百六十機

二、十一月上旬に知得した兵力増加は左のとおりである。

英本国兵　六（七）千名　シンガポール到着

飛行機数中隊　シンガポール到着

戦闘機若干　比島に到着

三、英領マレー

十月においては大きな兵力の変化は見なかったが、十一月上旬においては飛行隊若干および英本国特科部隊の来着を見た。

その情報は左のとおりである。

(1) バッファロー飛行中隊一箇新設（十一月六日シンガポール外務電）

(2) 濠州より米国製ブリュースター機よりなる飛行中隊若干シンガポール到着（十一月七日シンガポール新聞電および短波ニュース）

(3) 英本土より砲兵（高射砲隊、照空隊を含む）、工兵、航空地上勤務員など約六、七十名シンガポール着（十一月六日シンガポール外務電）

よって英領マレーにおける十一月上旬の推定兵力は左のとおりである。

英兵　約一万八千

印度兵　三万～三万五千

濠州兵　二万～二万五千

合計　約七万

飛行機　約三百二十機

（4）香港

香港放棄説および香港増強説が交錯しているが、本期間においては顕著な変化はないのが真相と認める。これらの情報は左のとおりである。

①英国は万一の場合は香港を放棄するため重要書類、新兵器をマレーおよび濠州方面に搬出した〈十月二十一日総軍電五三九（諜者報）〉。

②従来香港は破壊撤退の予定だったがウエーベルが極東視察の結果香港固守に決定した〈十一月七日駐英武官電一二〇（諜者およびシンガポール新聞報）〉。

③最近特に抵抗の決意を強化すると認める資料はないが、香港放棄を準備している徴候もない〈十一月十一日波集団電六五（西山少佐実視報告）〉。

（5）ビルマ

大きな変化を認めない。

(6) 蘭印
タラカンおよびパリクパパンに濠兵およびニュージーランド兵がいるとの情報あり(外務省通報)。あり得ることと思われるが未だ判定するに至らず。

(7) 比島
駐比米軍師団は最近編成が完結したようである。また国防軍は十二月編成完結の予定で逐次動員を進捗しつつあると認められる。

(8) 印度中近東
印度については特に情報がない。中東に対し最近英国兵約一箇団が増強されたようである。別に十一月六日南アフリカを出港した一船団(英国兵約一万搭載)あり。

(9) 濠州およびニュージーランド
特に情報がない。濠州は十一月六日全商船に武装実施を命じた。地中海方面にあった濠州海軍の一部は北濠海面にいるとの情報あり(外務電)。

19、南方軍総司令官は南海支隊長に対し作戦発起に関し命令（案）をあらかじめ交付する件　昭和十六年十一月十九日

一、本命令（案）は作戦を開始するにあたり大本営陸軍部より奏請する命令（案）で、伝達の迅速確実を期すためあらかじめ交付するものである。発令にあたっては電報する。
二、本命令（案）は十二月一日または二日に発令を仰ぐ予定である。
三、本命令（案）の略号を「鷲（わし）」とする。

南方軍総司令官に与える命令
命令（案）
一、帝国は米国英国および蘭国に対し開戦するに決す
二、南方軍総司令官は十二月X日進攻（進入）作戦を開始すべし
三、南方軍総司令官は十二月X日以前左記事項を行うことを得
（1）敵の真面目なる先制攻撃を受けたる場合は海軍と協同し適時進攻（進入）作戦を開始す

（2）英軍泰国内に侵入したる場合は海軍と協力し適時泰国内に進入す
（3）敵航空機の我が重要基地船団等に対し反復偵察を行う如き場合は之を撃墜す
四、細項に関しては参謀総長をして指示せしむ

20、日米交渉妥結に至らず　十二月一日　極秘

日米開戦　御聖断あらせらる
南方軍および南海支隊の作戦実施に関する命令発令せらる

21、情勢の転機特に旧法幣の暴落に際し支那占領地域内に蒙（こうむ）るべき経済的影響並びにこれに対する対策　昭和十六年十二月一日　大陸第二部　極秘

要旨
一、情勢の転移にあたっては二大援蒋基地である上海および香港の喪失により旧法幣（ほうへい）（中華民国国民政府により一九三五年一一月に実施された幣制改革により中国の法定貨幣として発行された不換紙幣、蒋介石政権以外からは旧法幣と呼ばれた）の暴

落を来すことが必至であり、これにより国民政府の財政、同政府治下の民生並びに日本側の国防用物資の取得などが受ける打撃は大きなものがあるであろう。新法幣の流通が拡大していない場合は特にそうである。

二、我が方としては情勢の転機にともない旧法幣の暴落に際会すれば直ちに新旧両法幣の等価関係を切断するとともに、漸次日本軍配兵地域内における旧法幣の流通を地域別もしくは物別に制限し、前項のような影響を防止することが緊要である。

説明

一、情勢の転移にともなう旧法幣の暴落により我が軍占拠地域の蒙る経済的影響の概要は左のとおりである。

(1)旧法幣の暴落により国民政府の支出増大に対し、各種収入をこれに追随して増加させることは困難であり、政府財政は悪化のやむなきに至る。関税収入の減少を考慮すると特にそうである。

(2)旧法幣の暴落は直ちに物価の暴騰を来すとともに旧法幣の前途不安による換物運動を激化し、物資流動の梗塞を来す。生計費はさらに増大し民衆の生活は極度に窮迫し、延いては治安の悪化を来す虞が大きい。

(3)支那における物価の騰貴、物資流動の梗塞は我が国が支那に期待する国防用物資の取得並びに軍の現地自活を困難にする。

(4) 以上の影響の度は地域的には旧法幣並びに円系通貨(満州中央銀行券や中国連合準備銀行券など日本円と等価交換できる通貨)の流通状況により差があり、三角地帯なかんずく上海において最も大きく、武漢地区および南支方面がこれに次ぎ、北支蒙疆(もうきょう)ではその影響は軽微である。

二、前項のような影響に対処するためあらかじめ新法幣の流通部面の拡充を急速に実現するとともに、新旧両法幣の等価関係切断の準備を整えることが緊要である。以上のような新法幣拡充並びにこれと旧法幣の暴落に際会すれば直ちに等価関係を切断するとともに、漸次我が軍配兵地区における旧法幣の流通を地域別、物別に制限し、前項のような影響を防止することが必要である。

このための具体的措置は左のとおりである。

(1) 直ちに新旧両法幣の等価関係を切断する。

(2) 二箇月の整理期間の後漸次日本軍配兵地区内(北支および蒙疆を除く)の旧法幣の流通を地域別、物別に制限する。

(3) 切離し後の新法幣の価値基準は切離し当時における対軍票相場を参酌して決定し、軍票にリンクさせる。

（4）切離し後における新法幣の価値維持のため特に左の措置を講じる。
①各地特に上海における敵性事業動産、不動産などの中必要なものを国民政府の管理あるいは統制下に収めるよう措置し、新法幣流通の裏付物資として利用する。
②特定の物資につき新法幣建による専売制採用を考慮する。
（5）旧法幣の流通制限後、旧法幣をもって新法幣を請求する者に対しては新法幣を旧法幣の軍票に対する相場を基準とする比率により計算した額を交付する。その交付総額はなお検討を要するが、新法幣価値維持に支障を生じないことを限度とするため、差当り約十億元と予定する。
新法幣をもって旧法幣を請求する者に対しては特に必要ある場合に限り右同様の計算により旧法幣を交付する。
（6）回収した旧法幣は速やかに適地における我が方必需物資の調達資金として利用するよう計画的に指導する。
（7）投機取引、換物運動を厳に抑制する。このため必要に応じ国防用物資、生活必需品などの流動の統制を強化する。特に生活必需品の配給統制を強化徹底する。
（8）軍占拠地域内における軽工業などを振興し、民需材の恒久的現地自活を確立する。

(9) 貿易、為替、金融に関する管理統制を強化する。特に支那側並びに第三国銀行、銭荘（宋代に誕生した中国の金融機関で経済の発展に貢献したが、清代に多くの銭荘が倒産した）などに対する統制並びに監督を強化する。

(10) 以上の措置は国民政府側において独立実行することを本旨とするが、必要に応じ日本側より人的、物的援助を行うものとする。

支那各地通貨流通状況　昭和十六年十月現在　大陸第七課調（単位百万元）

旧法幣　現金　敵地域内一万一六〇〇
　　　　　　　占領地域内三三六七（蒙疆・北支・武漢・三角地帯・上海・南支）
　　　　　　　　合計約一万五〇〇〇
　　　　預金　　占領地域内二一三〇（上海）
　　　　外国為替　〃八七六（上海）
　　　　有価証券　〃八八〇（上海）
　　　　地方雑券　〃八（南支）
新法幣　　上海・三角地帯一五〇

連銀券　　　　北支七四〇
蒙銀券　　　　蒙彊八四
軍票　武漢一四、三角地帯二〇、上海七三、南支七、合計一一四
我が方の旧法幣手持高（単位千元）
八行（正金、朝鮮、台湾、三井、三菱、住友、上海、漢口）二九二二〇六（七月末）
中央儲備銀行三〇〇〇（十一月下旬）
外に日本側商社　約一〇〇〇〇

22、作戦実施に関し命令相成度件　参謀総長　軍事機密

本日御前会議において遂に帝国は米英蘭国に対し戦争を開始することに御聖断あらせられました。

よって陸海軍の第一線各軍および艦隊などに対し先に允裁になりましたる帝国陸海軍作戦計画にもとづき作戦実施の命令を発令相成度。

即ち陸軍におきましては南方軍総司令官、南海支隊長、支那派遣軍総司令官に対

し夫々作戦の実施および租界の処理を、海軍におきましては連合艦隊司令長官、支那方面艦隊司令長官、内戦部隊指揮官に対し夫々作戦任務を命令せられ度。

なお作戦開始の時機は十二月〇日を適当と存じておりまするが、これに関しましては米国艦隊の動静を一日でも長く見たる上定めるなどの理由により明日あらためて允裁を仰ぎ度存じております。

また作戦開始日に先立ち米英軍の先制攻撃を受けましたる場合には当然これに対応して武力を発動し、所在兵力をもってこれを反撃するを可といたしますので、万一かかる事態が惹起いたしましたならば、現地陸海軍最高指揮官において機を失せず武力を発動し得る如く御許しを得たく存じます。

愈々（いよいよ）この大作戦を発動せらるるにあたり、帝国陸海軍は大元帥陛下の御稜威（みいつ）の下益々協力を密にし、愈々作戦の指導遂行に最善を尽し以て速やかに作戦目的を達成して、聖慮を安んじ奉らんことを期しております。

23、南方作戦準備の現況について　昭和十六年十二月一日　参謀総長

謹みて南方作戦準備の現況につきまして上奏いたします。

作戦準備につきましては既に去る二十八日その概要を上聞に達しましたが、その後現地各軍の報告も参り、また作戦準備視察中の幕僚なども帰着いたしまして、ここに作戦準備の状況を確認し得ましたので、本日あらためて上奏いたす次第でございます。

一、各軍の集中および展開状況について

各軍の集中輸送は今日明日をもちましてほとんど完了いたします。

以下要図（要図なし）につきましてその状況を申し上げます。

第十四軍（藍色）はその先遣隊をもって馬公（台湾澎湖島）およびパラオに大略集合を終り、X－一日夕以降の進展を準備いたしております。

第十六師団は概ね本日中に奄美大島に集合を終りまするが、出発までにはなお二週間余りありますので、この間さらに訓練を十分にすることができます。リンガエン湾上陸の第四十八師団および軍直部隊の主力は高雄および基隆付近において乗船中でございます。

第二十五軍（赤色）は先遣兵団をもって昨日三亜（ダナン）に集合を終りましたので、X－四日のマレー東岸に向う進発には支障なきものと存じます。

軍主力たる第十八師団主力は広東に、軍直部隊の主力は台湾に夫々集結待機いたしております。

第十五軍（黄色）は近衛師団主力をもって南部仏印において着々X日よりする陸路タイ国進駐を準備いたしております。

第二十五軍の先遣兵団と同時に南部タイの航空基地を占領すべき第五十五師団の一部（宇野支隊）は明二日中にサイゴンおよびフコク島付近に集合の予定でありまして、第五十五師団主力は海防（仏領印度支那の海防市、現在ベトナムのハイフォン）から鉄道輸送をもって南下を開始いたしております。

第十六軍（褐色）の第五十六師団の一部（坂口支隊）は二十九日パラオに集結第十四軍のダバオ占領部隊を併せ指揮し、先ずダバオおよびホロ島の攻略を準備いたしております。

英領ボルネオ占領の第十八師団の一部（黒色）（川口支隊）は広東において乗船中にして、北部仏印増派の第二十一師団は徐州に集結しておりますことは先日申し上げましたとおりでございます。

第三飛行集団は第三、第七飛行団をもって予定の如く南支那および北部印度支那に集中し、二十五日より欺騙の目的をもって昆明およびその付近の要地に対する攻撃を実施中でございまして、司偵部隊は南部仏印に展開し、厳に行動の秘匿に留意しつつマレー方面の隠密捜索に任じております。

第十飛行団は目下台湾および南京を経て集中中でありまして、予定の如く支障なく展開を終了いたします。

第五飛行集団は南部台湾に概ね展開を完了し待機中でありまして、その司偵中隊はフィリピン方面の隠密捜索を実施中でございます。

作戦飛行場は台湾、印度支那方面ともに所期の如く完成し、予定の如く展開し得るに至りました。

南海支隊は既に二十八日に小笠原島に集合し、目下訓練実施中でございます。

24、敵側の我が企図判断の状況について　昭和十六年十二月一日　参謀総長

極秘

英米側は逐次我が作戦準備の進捗に関する情報を得つつあるようでござりますが、その真相はまだ把握していないように考えられます。

即ち帝国の作戦方面が概ね南方にあることは承知しておりますが、その地域に関する判断は依然暗中模索の状態でありまして、目下のところ帝国は一挙に英米領も

しくは蘭印に進攻することよりも先ずタイ国に進駐し、滇緬公路遮断の策に出る公算が大なるものといたしておるように存ぜられます。なお支那側は相当真面目に雲南作戦を顧慮して対策に腐心いたしておる模様でございます。

一部にはシンガポールを攻撃する企図あるやに予想しているものもありまするが、その他の地域はほとんど予測しておりませず、また南方における軍事行動は対米交渉遂行上の謀略的見地よりするものと見る向きもあるようでございます。

以上の情況に鑑みまして外交的駈引き、宣伝などの措置と相俟ち作戦軍の集中行動は依然これを昆明作戦並びに開戦決意なき外交々渉の形式的後距《こうきょ》（しんがり）に過ぎざる如く欺騙し、益々企図の秘匿に勉めたいと存じます。

以上のように作戦準備はほとんど完成し、満を持して大命を待つばかりでございます。特に各軍将兵の士気は極めて旺盛でありまして、一死奉公の誠を捧げ聖慮を安んじ奉らんことを期しております。

25、大陸命第五百七十二号　命令　軍事機密

一、帝国は米国英国および蘭国に対し開戦するに決す。

二、支那派遣軍総司令官は海軍と協同し、第二十三軍の指揮する第三十八師団を基幹とする部隊をもって香港を攻略すべし。

作戦開始は南方軍のマレー方面に対する上陸または空襲を確認した直後とする。

香港を攻略せば同地付近を確保し軍政を実施すべし。

三、支那派遣軍総司令官は自今左記事項を行うことを得。

（1）作戦開始に先立ち敵の真面目なる先制攻撃を受けたる場合は機宜これを邀撃す。

（2）敵航空機が我が軍事行動に対し反復偵察を行う如き場合はこれを撃墜す。

四、細項に関しては参謀総長をして指示せしむ。

昭和十六年十二月一日

奉勅伝宣（ほうちょくでんせん）（天皇の命令を仰ぎ、忠実に伝えて実施する）参謀総長　杉山　元

支那派遣軍総司令官　畑　俊六　殿

26、大陸命第五百七十三号　命令　軍事機密

一、支那派遣軍総司令官は天津英国租界および上海共同租界その他の在支敵国権益を処理すべし。

二、所要に応じ武力を行使することを得。
三、細項に関しては参謀総長をして指示せしむ。

昭和十六年十二月一日

奉勅伝宣　参謀総長　杉山　元

支那派遣軍総司令官　畑　俊六　殿

27、大陸指第千三十九号　指示　軍事機密

大陸命第五百七十二号に基き左の如く指示す。
一、作戦実施のため支那派遣軍総司令官の準拠すべき作戦要領およびこれに関する陸海軍中央協定は大陸指第九百九十号をもって指示せるとおり。
二、軍政施行に関しては別に指示す。

昭和十六年十二月一日

参謀総長　杉山　元

支那派遣軍総司令官　畑　俊六　殿

28、大陸指第千四十号　指示　軍事機密

大陸命第五百七十三号に基き左の如く指示す。

天津英国租界および上海共同租界その他の在支敵国権益処理のため支那派遣軍総司令官の準拠すべき要領は大陸指第千三十三号および陸支機密第三九〇、三九一号のとおり。

昭和十六年十二月一日

参謀総長　杉山　元

支那派遣軍総司令官　畑　俊六　殿

29、参謀総長並びに支那派遣軍総司令官に与える命令案　軍事機密　命令（案）

一、大本営は帝国の自存自衛を完（まっと）うし大東亜の新秩序を建設するため南方要域を攻略するとともに、支那事変の迅速なる処理を企図す。

二、支那派遣軍総司令官は左記に準拠し、特に対敵封鎖を強化し、敵継戦企図の破摧衰亡に任ずべし。

（1）概ね西蘇尼特王府、百霊廟、安北、黄河、黄河氾水地域、盧州、蕪湖、杭州の線以東の地域および寧波付近の確保安定を期し、特に先ず蒙彊地方北部、山西省、河北省および山東省の各要域並びに上海、南京、杭州間の地域の迅速なる治安の回復を図る。

（2）岳州より下流揚子江の交通を確保し、武漢三鎮および九江を根拠として敵の抗戦力を破摧するに努む。その作戦地域は概ね安慶、信陽、宜昌、岳州、南昌の間とす。

（3）広東付近、汕頭付近および北部海南島の各要地を占拠す。広東付近の作戦地域は概ね恵州、従化、清遠、北江および三水より下流西江の間とす。

（4）前各号所掲の地域を越えて行う地上作戦は別命による。

（5）重要資源地域を確保し我が戦力の培養に努む。

（6）前各号の作戦中海岸および水域に沿う作戦並びに航空作戦に関しては所要に応じ南方軍総司令官および支那方面艦隊司令長官と協同す。

（7）抗日勢力の衰亡を促進するため対支謀略を実施す。

（8）作戦上必要ある場合は一部の部隊を一時満支国境近く熱河省内の地域に派遣することを得。

三、参謀総長はその隷下船舶部隊中所要の部隊を一時支那派遣軍総司令官の指揮下に入らしむることを得。

四、細項に関しては参謀総長をして指示せしむ。

30、作戦開始は十二月八日と決定せらる 十二月二日 極秘

南方作戦における進攻(進入)作戦開始日を十二月八日と定められ度(たく)、謹みて奉(いん)迎允裁候也(さいをあおぎたてまつりそうろうなり)

31、X日に関する両総長上奏時軍令部総長の奏上文 昭和十六年十二月二日

軍令部起案

謹みて用兵事項に関し奏上いたします。

先に奏上いたしました如く陸海軍とも作戦準備は十二月八日武力を発動し得るを目途といたしまして着々進捗いたしております。

武力発動の時機を十二月八日と予定しました主なる理由は月齢と曜日との関係に

よるものでございまして、陸海軍とも航空第一撃の実施を容易にしかつ効果あらしめますためには夜半より日出頃まで月のありまする月齢二十日付近の月夜を適当といたします。

また海軍機動部隊のハワイ空襲には米艦船の真珠港在泊が比較的多く、かつその休養日たる日曜日を有利といたしますので、ハワイ方面の日曜日にして月齢十九日たる十二月八日を選定いたした次第でございます。

勿論八日は東洋におきましては月曜日となりますが、機動部隊の奇襲に重点を置きました次第でございます。

日米外交交渉におきましては米国の態度が最近著しく強硬となりましたことに鑑みまして、米国も最近真剣に対日戦に備えつつありと推定せられます。また英国は最初より帝国の動向に対しましては最も警戒を厳にいたしておりまして、その海軍艦艇の配備も有事即応の態勢にあるものと判断せられます。

したがいまして十二月八日以前におきまして、あるいは英米より我に対し先制攻撃を加え来ることもあり得ることと予想せられまする情勢にございますが、さりとて武力発動時機を繰上げますことは陸軍輸送船の運航並びに海軍機動部隊行動の関係上困難でございますのみならず、繰上のための各部の混乱も予想せられますので、最初の予定どおり十二月八日を期し米国、英国に対し武力を発動する如く大命を発せられ度、謹みて允裁を仰ぎ奉ります。

而して万一米、英国が先制攻撃の挙に出でました場合には、陸海軍中央協定にもとづきまして先ず航空機をもってこれを反撃いたしまするとともに、爾余の部隊の発動を極力繰上げることといたしたき所存でございます。

蘭国に対する武力発動は蘭国艦艇、航空機などが帝国に対して敵対行為を執ることを判定次第御発令を仰ぎたき所存でございまして、もし蘭国軍が我が軍の蘭領印度の要地攻略開始の時機まで敵対行為を執りませぬ場合には、蘭領印度要地攻略開始の直前に蘭国に対する武力発動の大命を仰ぐ所存でございます。

以上をもって奏上を終ります。

32、大陸指第千四十二号　指示（案）　軍事機密

大陸命第五百七十五号に基き左の如く指示する。

一、対敵封鎖は左記に準拠して実施するものとする。

（1）我が占拠地域内に適宜遮断線を構成して物資の流出入を禁絶する。

（2）我が占拠地域内主要都市における物資の対敵流出の取締を厳ならしむ。
二、我が占拠地域内において治安維持に協力する支那側武装団体の整備並びに指導に関しては昭和十六年一月三十日大陸指第八百二十四号によるものとする。
三、我が占拠地域内における重要資源地域を確保し、これの開発取得を容易ならしむるとともに、軍の現地自活方策を強化し、占拠地域内外にある資源を積極的に取得利用し、もって戦力の培養に努力するものとする。
　ただし我が占拠地域外より物資を取得するにあたりては、対敵封鎖を弱化せしめざる如く計画的に実施するを要する。
四、一部の部隊を熱河省内に派遣するを要する場合にありては関東軍司令官と協議すべし。
五、軍隊の練成を強化し、軍紀を振作（奮い起す）し、戦力の維持培養に努むべし。
六、支那派遣軍総司令官は支那方面艦隊司令長官と協議し、左記事項に関し憲兵または憲兵の長に対する区処（権限の委任）または指示（憲兵令に規定する区処または指示をいう）権を海軍に委することを得る。
　左記
（1）憲兵が海軍警備区域内において警備（昭和十一年三月国内防衛に関する陸海軍

任務分担協定第二条による警備の定義を準用する。本項中以下同じ）に必要なる警察に関し、支那方面艦隊司令長官の区処を受ける件。

（2）陸戦隊指揮官がその警備区域において警備に必要なる警察に関しその地憲兵の長に指示し得る件。

七、支那派遣軍総司令官は作戦上必要なる場合は中支那にあるその指揮下以外の船舶部隊を臨機指揮することを得る。また北支那および南支那方面における沿岸および水路の局地輸送に関し作戦上必要ある場合は北支那方面軍司令官および第二十三軍司令官をして各々当該作戦地域内にある船舶部隊を指揮せしむることを得る。ただし前項のため船舶輸送司令官の計画実施する船舶全般の運用を妨げることなし。本項の実施に関しては船舶輸送司令官と協議すべし。

八、左記により軍事調査を実施すべし。

（1）主として支那全土を担任区域とし、敵の継戦企図を破摧衰亡せしむるための情勢判断資料を収集し、併せて列強の対支動向並びに支那接壌地方（我が国の領域に接する中国の土地）における対支関係情報を収集する。

（2）対支兵用地理資源調査に関しては大陸訓第二号「対支兵用地理資源調査に関する指示」による。

（3）対ソおよび外蒙調査に関しては昭和十六年八月十八日大陸指第九百二十五号別冊による。
（4）第三国特に英米の情勢判断に関する資料を調査収集する。

33、日独伊軍事協定要綱　昭和十六年十二月三日　参謀本部、軍令部　軍事機密

第一、軍事行動地域の分担
日独伊三国は左記分担地域の内所要の部分に対し軍事行動するものとする。
一、日本
（1）概ね東経七十度以東米州西岸にいたる海面にある大陸および島嶼（濠州蘭印など）
（2）概ね東経七十度以東東亜細亜大陸
二、独伊
（1）概ね東経七十度以西米州東岸に至る海面並びに同海面にある大陸島嶼
（2）概ね東経七十度以西の近中東および欧州
作戦の状況により印度洋においては各その境界線を越えて軍事行動することを

得るものとする。

第二、軍事行動の大綱

一、日本

（1）米英蘭の東亜における主要なる根拠を覆滅し、その領土を攻略占領する。

（2）太平洋および印度洋方面における米英海空軍兵力の撃滅に努め、西太平洋の海上権を確保する。

（3）米英艦隊のほとんど全部が大西洋に集中したる場合は、帝国は太平洋印度洋の全域に亘り通商破壊戦を強化するとともに、海軍兵力の一部を大西洋方面に派遣し、独伊海軍の作戦に協力する。

二、独伊

（1）帝国の南方作戦遂行と策応して近中東に進出し、戦略態勢の強化を図るとともに対英本土攻撃を強化して、英国の屈服を図る。

（2）大西洋および地中海における作戦を活発にし、米英海空軍兵力の撃滅に努む。

（3）米英艦隊のほとんど全部が太平洋方面に集中したる場合には独伊はその海軍兵力の一部を太平洋に派遣し、帝国海軍の作戦に協力する。

第三、軍事協力の要領

一、作戦計画中所要事項の相互通報
二、通商破壊戦の相互協力
（1）通商破壊戦計画の相互通報
（2）通商破壊戦の経過、所要情報その他必要なる事項の相互通報
（3）通商破壊戦を各締約国分担の軍事行動地域以外において実施する場合にあっては、あらかじめその計画を相互に通報し作戦基地の使用、補給、休養、修理などに関し相互に協力する。
三、作戦上必要なる情報の収集取得に関し相互に協力し、かつこれの交換を行う。
四、謀略宣伝に関し所要事項を協力実施する。
五、通信に関し所要事項を協定実施する。
日独伊三国間航空路の開設並びに印度洋を通じる海上交通路の開設に関し協力する。

「註」帝国の対ソ態度に関し質問または要求ありたる場合は、帝国は差当りソ連邦に対しては極力開戦することを避け、南方作戦の徹底的遂行を図る。将来自主的またはやむを得ず開戦する場合においては機を失せず連絡し、協同作戦に関し協定すべき旨応酬する。

34、ポルトガル動員令

十二月四日正午　サンフランシスコ
太平洋の危機切迫にともない、ポルトガルも欧州列強の植民地防衛並びにその強化を急ぎつつあり。ヴイシーの仏国放送局の報じるところによれば、ポルトガル植民相はマレー半島の東端にある植民地チモール島にある予備将校の総てに対し動員命令を発せり。

35、英国大使館付武官より電報

昭和十六年十二月四日十六時三十分着　次長宛

一、二（欠）
三、英戦艦プリンスオブウエールズおよびウオースパイト並びに巡洋艦二、三隻、駆逐艦若干の印度洋もしくは極東方面にあること概ね確実にして、今回声望高き軍令部次長フィリップ中将を大将の資格において英極東艦隊司令長官に任命し、その外航空母艦、巡洋艦、駆逐艦などの若干を東地中海方面よりこれを増強し、濠州その他米極東艦隊とともに極東の危機に備えんとするは十分注目を要する。
四、最近極東方面における英軍の移動状況より判断し、英国は五、六千トン級の商船四、五十隻を加修、印度洋方面に使用しあるものと想察される。而して米濠間定期航路における中東並びにソ支などに対する軍需品輸送は主として米船これに任じあるものの如し。
五、海峡植民地緊急状態を宣じ、蘭印国内に空軍の動員が令せられた。

36、独逸大使館付武官より電報　昭和十六年十二月五日十九時三十分着　参謀総長宛

極東の風雲急にしてご心労を拝察し感謝の至りに堪えず。断の一字よくこの難局を打開し得べし。一重にご健闘を祈り上ぐ。

なお将来独逸軍部と折衝の都合もあり帝国の態度に関し左の件承知いたし度。
一、南方作戦一段落を告げたる後反転ソ連を攻勢し、独逸などと呼応してソ連の徹底的崩壊を企図せらるるものと信ず。
二、右反転の時機は状況によることあるべきも、明春独逸軍の赤軍追撃戦に呼応せら

るるや。

三、ソ連軍ほとんど崩壊せる時に進撃するというが如き考えは今日既に古きものとせられたり。

37、東京日日新聞　号外　十二月八日

わが陸海軍今暁遂に
米英軍と戦闘状態に入る
西太平洋に決戦の火蓋

（大本営陸海軍部発表）（十二月八日午前六時）
帝国陸海軍は本八日未明西太平洋において米英軍と戦闘状態に入れり

38、軍令部通報　軍極秘　十二月十日作戦経過概要（第四号）

時刻　記事
○三三〇　第六通信隊は「我が基地を放棄」なる敵信を傍受した。

○三四一　伊五十八潜は英主力部隊南西方に遁走中なるを発見した。
○五○○　ガム島上陸に成功、海兵少佐以下三十名捕虜、三千トンの油槽船一隻我が爆撃により油タンク、砲台、火薬庫など爆発す、敵は戦意なきものの如し。
○六○○　アパリ上陸成功、名取空襲により軽微なる損傷を受けた。
○六○五　ビガンに上陸成功。
○八二○　ビガンに敵大型攻撃機十二機が来攻した。駆潜艇一隻、陸軍油槽船一隻沈没。
○八二○　敵飛行艇五機トコベイに来襲、爆撃および機銃掃射を行い無線電信室に機銃弾数発が命中した。
○九○○　雷および第四号駆潜艇は東香港東口に近接し敵哨戒艦セントモナース型一隻（八二○トン）を砲撃撃沈した。
一一一五　二十二航戦の飛行機クワンタンの七十度四十浬に英主力を発見した。
一二○四　二十二航戦の飛行機英主力を雷爆撃した。
一三三○　敵甲巡二隻、レキシントンをオアフ島北東方に発見した。先遣部隊の一部はこれの追躡（追跡）配備に就く。

一四二九　レパルス撃沈。
一四五〇　プリンスオブウエールズ撃沈。レパルスおよびプリンスオブウエールズの攻撃時におけるわが損害中攻三機、被弾機二十二機。

39、日タイ両軍作戦協定に関する件　上奏　昭和十六年十二月十四日　参謀総長、軍令部総長

タイ国に進駐いたしました帝国陸海軍部隊は、爾後の任務達成のためタイ国軍事当局者との間に将来の協同作戦に関し交渉いたしておりましたが、一昨十四日第十五軍司令官およびタイ国在勤帝国大使館付海軍武官とタイ国軍総司令官ピブンとの間に、左の如く話合いが纏りました旨報告に接しました。

第一、在タイ国日本軍およびタイ国軍はビルマにある敵軍に協同作戦する。
第二、タイ国軍は先ずタイ、ビルマ国境を確保するとともに、南部タイ西海岸を警戒して日タイ両国軍の集中を掩護し、この間タイ国軍は速やかにラーヘン―メソート―ミヤバチ道およびカンブリー―パウンディ道を自動車道に改修し、日本軍はこれに協力する。

第三、在タイ国日本軍は主としてラーヘン―メソート―ミヤバチ道（含む）以南の地区よりラングーン方面に、タイ軍は主として右道路以北の地区よりケントン、マンダレー方向に夫々作戦する。

第四、日タイ両空軍は各々その作戦方面に行動し、日本空軍は要すればタイ国軍に協力する。

第五、タイ海軍は概ねサタヒップ、ホアヒンの線以北の制海に任ず。

以上の協同作戦間における両国軍の指揮関係はタイ国の体面を重んじるため協同を原則といたしまして、帝国軍は所要に応じまして実質的にタイ国軍を指導するようにいたさせたいと存じます。

40、支那軍の動向について　支情速報第四十号　用済後焼却　昭和十六年十二月十五日　大陸第七課　極秘

一、開戦前における重慶側の関心は日米会談の経過に一喜一憂しつつ我が軍の滇緬ルート攻撃を必至となし、専らこれの防衛に汲々とし、かつ米英との軍事合作（がっさく）の緊急強化に努めありたるも、未だ大規模なる兵力転用を敢行して計画的総反攻を準備す

る域には達せずして今次帝国南方の発動に会せるものの如し。

二、開戦後の敵の反攻は全般にわたり未だこれを認めず。即ち北中支那ともに要地奪回などの敵側蠢動の兆しなく、共産党軍が新事態に応じる方策に関し手配せりとの情報あるも未だその反響なし。

南支にありては開戦前より広西省龍州にある第三十一軍（三箇師団）が北部仏印進入準備を命ぜられありたるものの如きも未だ積極的行動を採らず、西南正面また一般に静穏なるものの如し。

三、香港防衛に関しては先に英支間に連防を協定し支那側は有力なる部隊（約二万とも称す）を香港東北方に配置して英軍に策動し、あるいは在広東軍の主力をもって広東奪回を企図し、さらに香港英軍側よりも支那側に対し連防協定の履行に関し要望するところありたるものの如く、また蒋介石は英大使カーと協議し、香港攻略中の日本軍の背後を攻撃すべくその処置を命ぜりとの情報あり。

現下該方面の動向は既に若干の動きを見せあり。即ち恵州南方地区に在りし一箇旅団は去る十日より何れかに移動を開始し、また翁源付近の二箇師団は十三日龍門（翁源、恵州中間地区）に向い南下して広東北方地区の二箇軍（六箇師団）と合流せんとしあるものの如し。

また十一月上旬来桂林付近に南下し来れる二箇軍中第七十四軍は過般の長沙作戦に徹底的打撃を被り直ちに戦力発揮は予期し得ず。

第七十九軍は相当の戦力を保有しあるも、その動向に関しては未だ判断の資料を得ず。別に長沙付近に在りし暫編第二軍は去る八日以降移動を開始し、さらに岳州東南方地区に在りし第四軍また株州(しゅ)(湖南省東部)を経て南下しあるものの如し。

右の動向は広東付近の兵力をもって香港防衛に策動せしめ、かつ後方兵団を逐次南方に集中せんとするにあるものの如きも、敵は既にその戦果を失し我が軍の香港攻略は着々進展しあり。他面帝国陸海軍の大戦果は多大の衝撃を敵に与えたるべくこの種積極的反攻を敢えてし得べきや否やは極めて疑問とする所なるも、十分なる警戒を加えつつあり。

四、重慶側の空軍総兵力は最近まで約百六十五機、内第一線機八十五機(民間機四十五機、爆撃機四十機)にて、主として西北および四川奥地に擢摺(たくしゅう)伏する(たたみ隠れる)を例とせり。兼ねてビルマにおいて組立中なりし米国よりの飛行機(約四、五十機)並びに所要の人員が最近入支せるをもって多少その勢力増加せるといえども、未だ極めて微弱なり。米国よりの分は主として西南方面に配置せられ、滇緬ルートの防衛並びに空軍要員の教育用に充当するとの情報あるも詳(つまび)らかならず。

去る十日頃より西南方面敵空軍基地間の通信状況相当に活発化しあり。蠢動の兆しとも判断せられ、軍は十二日飛行隊の一部をもって桂林飛行場を襲いて敵二機を撃砕するなどその対策に遺憾なきを期しつつあり。

41、あ号航空燃料追送状況並びに計画　昭和十六年十二月二十日

一、第一次追送予定のもの（兵力に応じる約一箇月分）の中、約四十パーセントは輸送の関係上未発送なり。
したがって一月上旬中には相当の不足を予期せらるる現況にあり。速やかに発送を要す。

二、発送および準備状況
第一次発送　四万六二五〇本（ドラム缶）
第一次発送予定残　四万本（八〇〇〇トン）
第二次予定　一一万本（二万二〇〇〇トン）
第三次予定　六万七〇〇〇本（一万三四〇〇トン）
未発送分計四万四〇〇〇トン

三、急速輸送手段
（1）鉄道輪転材料との混載
（2）軍隊輸送艦の余積利用
（3）新徴用船舶一部の充当
により第二次輸送の分までを急送するを要す。
四、右に基づく輸送計画の大要
（1）発送時期　十二月下旬
発送地　神戸
到着地　サイゴン
トン数　一万トン
配船　鉄道資材と混載（二十二隻）
（2）発送時期　十二月下旬
発送地　因島
到着地　広東
トン数　一五〇〇トン
配船　軍隊輸送船の余積（五隻）

（3）発送時期　十二月下旬（状況により一月初）
発送地　元山（田島）
到着地　サイゴン
トン数　二万トン
配船　新徴用船充当（四隻）
第三次予定の一万四〇〇〇トンは予定どおり一月上中旬発送する。

42、大東亜戦争における大本営陸軍統帥史（案）第一巻（抜粋）

昭和二十一年八月　第一復員局

1、作戦計画

開戦時における帝国陸軍全般作戦計画の骨子は左記その一ないしその三のとおりである。

ハワイに対する海軍奇襲作戦は海軍独自の作戦にして、大本営陸軍部はこの実施に関し事前通報を受けていた。

その一　南方作戦

一、作戦目的

南方作戦の目的は東亜における米国、英国次いで蘭国の主要なる根拠を覆滅し、南方の要域を占領確保するに在り。

本作戦により占領を企図する範域はフィリピン、ガム（瓦無）島、香港、英領マレー（馬来）、ビルマ（緬甸）、ジャワ（瓜哇）、スマトラ、ボルネオ、セレベス、ビスマルク群島、蘭領チモールなどとする。

二、作戦方針

陸海軍緊密なる協同の下にフィリピンおよび英領マレーに同時に作戦を開始し、勉めて短期間に作戦目的を完遂する。

三、作戦指導要領

（1）マレーに対する先遣兵団の上陸とフィリピンに対する空襲とをもって作戦を開始し、続いて航空作戦の成果を利用し主力をもって先ずフィリピンに、次いでマレーに上陸せしめ、速やかにフィリピンおよびマレーを攻略する。

別に作戦の初期ガム島、香港および英領ボルネオの要地を占領し、またタイ国および印度支那の安定を確保する。

以上の間なるべく速やかにビスマルク諸島、蘭領ボルネオ、セレベスなどの要地を、次いでマレー作戦の進捗に伴い南部スマトラの要地を占領し、ジャワに対する作戦を準備するとともに、資源要域を確保する。
モルッカ群島およびチモールの要地を占領する。
(2) 対ジャワ航空基地の整備に伴い敵航空勢力を制圧し、ジャワを攻略する。またシンガポール占領後適時北部スマトラの要域を占領する。
(3) 以上の作戦中米国主力艦隊の行動に応じ連合艦隊が邀撃配備に転換する場合あるいは蘇国の参戦などがあってもフィリピンおよびマレー作戦は継続遂行し、できる限り速やかに既定作戦目的の完遂を図る。
(4) 以上の間機を見て南部ビルマの航空基地などを奪取し、なお作戦概ね一段落し状況が許す限りビルマ処理のための作戦を実施する。

四、使用兵力

本作戦に使用する陸軍兵力は南方軍戦闘序列の大綱に述べる如く師団十一箇、戦車聯隊九箇、飛行集団二箇、その他所属の軍直轄部隊を基幹とし、その兵団区分並びに使用方面を左の如く予定する。

南方軍　第十四軍　二箇師団を基幹とし、フィリピン方面に作戦する
　　　　第十五軍　二箇師団を基幹とし、タイおよびビルマ方面に作戦する

第十六軍　三箇師団（うち二箇師団は他の作戦終了後転用するもの）
を基幹とし、蘭印方面に作戦する
第二十五軍　四箇師団を基幹とし、マレー方面に作戦する
南方軍直轄の師団、混成旅団各一箇、飛行集団二箇を基幹とする
第二十三軍（支那派遣軍隷下）一箇師団を基幹とするものをもって
香港方面に作戦する
南海支隊（大本営直轄）歩兵三箇大隊を基幹としガム島、ビスマル
ク諸島などに作戦する

五、作戦開始

作戦開始第一日は別に指示する。開戦前日日米間交渉が成立すれば作戦を中止する。

六、対香港作戦要領

第二十三軍の一兵団および第二遣支艦隊を基幹とする部隊をもってマレー方面に対する先遣兵団の上陸または空襲を確認した後作戦を開始し、先ず所在敵艦隊を撃滅するとともに、九龍半島における敵陣地を突破した後、香港島を攻略する。

香港攻略が完了すれば該兵団は蘭領印度攻略兵団として同地付近に集結する。

七、対ガム島およびビスマルク諸島作戦要領

南海支隊および第四艦隊を基幹とする部隊は先ずガム島を攻略し、次いでビスマルク諸島の航空基地を占領し、南洋群島方面に対する敵の脅威を封殺する。このため南海支隊はガム島を攻略すればその守備を海軍陸戦隊と交代し、機を見て陸海軍協同してラバウルを占領し、航空基地を獲得する。

爾後南海支隊はなるべく速やかに同地の守備を陸戦隊と交代してパラオ付近に転進する。

八、航空作戦

（1）作戦方針

陸軍航空部隊は海軍航空部隊と協同し、開戦劈頭敵航空基地を先制空襲し、制空権を獲得して上陸軍の上陸作戦を容易ならしめたる後、地上戦闘に協力する。

（2）要領

①陸軍航空作戦の重点はマレー方面とする。

②開戦時における航空基地を左の如く推進する。

比島に対し　　台湾南部

マレーに対し　仏印南部

③航空進攻作戦は地上軍の上陸開始日より開始する。
④上陸軍の船団上空援護は主として陸軍航空の担任とする。
⑤航空進攻作戦は払暁を期し敵主要基地を一挙に奇襲し、その活動を封殺して上陸軍の行動を容易にする。
⑥上陸軍が上陸後速やかに基地を敵地に推進して密に地上作戦に協力する。

九、兵站

兵站運用の大綱左の如し。

（1）南部仏印を南方作戦全般の兵站主地（兵站の中心地で集積、保管、輸送の拠点）、台湾を中継補給基地、広東地区を補助中継基地とする。

（2）兵站部隊の推進は主として補給、輸送、衛生の諸隊のみに限定し、勤務力は一般戦列部隊および現地労務に期待して節用を図る。

南方所要兵站部隊は満州にある部隊の転用を主とし、支那に在るものは全般予備とし転用を避けてこれを控置する。

（3）保有戦力の大部を南方作戦に投入する主旨にもとづき内地、満州に在る作戦用資材を抽出充当し、南方軍所要一会戦分を第一次として上陸作戦輸送と同時またはこれに膺接して発送する。

（4）国軍補給の重点を南方に指向し満州、支那を資材的に補給源となし、支那においては特に現地自活施策の徹底強化を図る。

その二　南方作戦発動に伴う対支作戦

支那に対しては帝国海軍と協同して概ね現在の態勢を保持するとともに、支那に対する米英など敵側諸勢力を掃滅し、政略と相俟って対敵圧迫に努め蒋介石政権の屈服を期す。

南方作戦発動後蘇国と開戦の顧慮あるに至れば適時所要の兵力を満州方面に転用する。この場合支那にあっては占拠地域を整理して所要の地域を確保し、敵勢力の台頭を防止する。

その三　南方作戦発動に伴う対蘇作戦

蘇国に対しては概ね現在の態勢をもって警戒を厳にし、かつ作戦準備を強化して極力戦争の発生を防止する。

北方において米蘇提携しあるいは蘇軍単独にて我に挑戦し来る場合においては機を失せず支那および内地方面より所要の兵団を転用し、速やかに極東蘇領の敵航空勢力を撃破するとともに爾後の攻撃を準備する。

2、南方作戦にともなう軍政指導

南方作戦発動にともなう占領地行政は差当り軍政を行い、これを作戦軍の任務として指示することとし、その基本となるべき事項は大本営政府連絡会議によって決定された。

当時決定された軍政指導の要綱は左の如し。

一、軍政実施の目的

（1）治安の回復

（2）重要国防資源の急速取得

（3）作戦軍現地自活の確保

二、軍政実施の基本要綱

（1）軍政実施にあたっては極力残存統治機構を利用し、従来の組織および民族的慣習を尊重すること。

（2）占領軍は作戦に支障ない限り重要国防資源の獲得および開発を促進すべき措置を講じること。

（3）国防資源の獲得と占領軍の現地自活のため努めて民生に重大な影響を及ぼさざるを旨とし、宣撫上の要求と右目的との調和に留意すること。
（4）米英蘭国人に対する取扱は軍政実施に協力させるよう指導するが、これに応じないものはやむを得ず退去などの措置を講じること。
（5）枢軸国人の現存権益はこれを尊重するが、爾後の拡張は努めてこれを制限すること。
（6）華僑に対しては蔣介石政権より分離し、わが施策に協力同調するよう指導すること。
（7）原住民に対しては日本軍に対する信倚（しんい）（信じて頼ること）観念を助長させるよう指導し、その独立運動は過早に誘発させないこと。
（8）作戦開始後新たに進出すべき邦人は事前にその素質を厳選するが、かつてこれらの地方に在住した帰朝者の再渡航に関しては優先的に考慮すること。

占領地軍政実施に関する陸海軍の担任区分は大本営陸海軍部間において左の如く協定した。

（1）陸軍主担任区域（海軍は副担任とする）

香港、比島、英領マレー、スマトラ、ジャワ、英領ボルネオ、ビルマ
(2) 海軍主担任区域(陸軍は副担任とする)
蘭領ボルネオ、セレベス、モルッカ群島、小スンダ列島、ニューギニア、ビスマルク群島、ガム島

3、開戦直前における彼我の状況

一、敵情判断

(1) 昭和十六年作戦計画立案当時における予想作戦地方面の敵情は南方各方面総計陸軍兵力約三十六万、飛行機約七百機で、なお連続して増加されており、年末頃にはさらに著しく増強されるものと判断する。

(2) 南方作戦の地域は米、英、蘭三国の植民地集団である関係上、協同戦力の発揮および白人と土人との精神的団結に不利などの弱点があり、敵側の綜合戦力発揮に困難が少なくないと判断される。

(3) タイ、ビルマ方面の敵航空兵力は微弱であるが、マレー方面の敵は新来のスピットファイヤー戦闘機の掩護の下に雷撃機および爆撃機をもって我が上陸企図破摧に勉めるであろう。また蘭印空軍はスマトラ、ボルネオ方面より英空軍に協力

するであろう。

比島方面の敵航空は一部の爆撃機を除き旧機種が多く、性能は優秀でない。

(4) 極東蘇軍は欧蘇方面の逼迫にともない、その兵力を逐次欧本国方面に転用されたようであり兵力、素質ともに低下している。現在師団約二十、戦車約千三百輛、飛行機約千五百機と判断される。そして南方作戦が開始されれば米、英、蘇の接近は必至であり、欧州の戦況と関連して蘇が帝国に対して攻撃的態度に出て、あるいは米国がその軍隊特に航空兵力を極東蘇領に進出させるなどの虞があると判断される。

二、帝国陸軍の状況

(1) 全般兵力配置

昭和十六年十二月における陸軍総兵力は地上部隊五十箇師団、混成旅団およびこれに準じるもの五十九箇を基幹とし、航空部隊は飛行戦隊約四十箇を基幹とするもので、その兵力並びに作戦用資材の配置は下記のとおりである。

(2) 開戦時における南方軍各軍の態勢

十二月初頭頃における南方方面各軍の態勢は左のとおりである。

①第三飛行集団は南支那および北部印度支那に集中を完了した。

第五飛行集団は南部台湾に展開を完了した。
作戦飛行場は台湾、印度支那方面ともに所期の如く完成した。
航空燃料、弾薬なども作戦に支障のないよう前送集積した。
②第十四軍はその一部をもって馬公およびパラオに、第十六師団は奄美大島に集合を終り、第四十八師団および軍直部隊の主力は高雄および基隆付近に集結した。
③第二十五軍はその一部をもって三亜に、第十八師団主力は広東に、軍直轄部隊の主力は台湾に夫々集結した。
④第十五軍は近衛師団主力をもって南部仏印にあり、第五十五師団の一部はサイゴン付近に、その主力は海防より鉄道輸送をもって逐次南下中である。
⑤第十六軍の第五十六師団の一部はパラオに集結している。
⑥南方軍直轄の第十八師団の一部は広東に、第二十一師団は徐州に集結している。
⑦南海支隊は小笠原島に集合している。

南方軍戦闘序列

南方軍総司令官　伯爵陸軍大将　寺内寿一

南方軍総司令部（サイゴン）第二十一師団

第十四軍（高雄）第十六師団、第四十八師団、独立混成第六十五旅団基幹
第十五軍（仏印）第三十三師団、第五十五師団（一部欠）基幹
第十六軍（高雄）第二師団、独立混成第五十六旅団基幹
第二十五軍（三亜）近衛師団、第三師団、第十八師団、第五十六師団
第三飛行集団（プノンペン）戦闘五戦隊、軽爆三戦隊、重爆四戦隊、偵察二戦隊、
　独立偵察三中隊、独立直協一中隊
第五飛行集団（屏東（へいとう））戦闘一戦隊、軽爆二戦隊、重爆一戦隊、独立偵察二中隊、
　独立直協一中隊
独立第二十一飛行隊（ハノイ）独立戦闘一中隊、独立軽爆一中隊
独立混成第二十一旅団
独立混成第四聯隊
独立工兵第二中隊
第三鉄道部　鉄道第五聯隊、鉄道第九聯隊基幹
南方軍通信隊
第二野戦憲兵隊

南方陸軍作戦用資材配置
弾薬　一七師団会戦分（内地一〇、北方四八、支那三〇、総量一〇五）
航空弾薬　一二飛行団月分（内地五、北方四五、支那一五、総量七七）
自動車燃料　五〇千輌月分（内地一四〇、北方一二五、支那四二、総量三五七）
航空燃料　二〇飛行団月分（内地八八、北方五〇、支那七、総量一六五）

南方敵国陸軍兵力
マレー　正規軍英兵一万一〇〇〇、印度兵三万～三万五〇〇〇、濠州兵二万～二万五〇〇〇、マレー兵若干、義勇兵二万、合計一〇万
ビルマ　英兵二〇〇〇、印度兵七〇〇〇、ビルマ兵二万六〇〇〇、支那兵不明、合計三万五〇〇〇
英領ボルネオ　正規軍印度兵一〇〇〇、義勇軍マレー兵二五〇〇、合計三五〇〇
香港　正規軍一万三五〇〇、義勇軍五五〇〇、合計一万九〇〇〇
フィリピン　正規軍（米兵・土民兵各半数）四万二〇〇〇、海兵隊米兵九〇〇、国防軍土民兵一二万、合計一六万三〇〇〇
ガム島　海兵隊三〇〇、土民兵一五〇〇、合計一八〇〇

蘭印　内領軍五万、外領軍二万、合計七万（一部欧人）
タイ国正規兵約三万、ニュージーランド約一〇万、濠州約三五万、印度約五〇万

南方敵国空軍兵力
マレー　爆撃機四八、戦闘機四八、偵察機四八、飛行艇一八、雷撃機二四、合計
　二〇〇機以上
ビルマ　約五〇機（飛行中隊五）
香港　約一〇機（練習機）
フィリピン　爆撃機四三、戦闘機七五、偵察機一八、艦載機三〇、合計一六〇機
　以上
蘭印　爆撃機五〇、戦闘機一三〇、偵察機三六、海軍機一二〇、合計約三〇〇機
印度約二〇〇機、濠州約二五〇機、ニュージーランド一〇〇機以上

第三章　占領地軍政と重要資源取得計画

南方要域攻略に関する命令

一、大本営は帝国の自存自衛を完うし大東亜の新秩序を建設するため南方要域の攻略を企図する。

二、南方軍総司令官は海軍と協同し、左記に準拠し速やかに南方要域を攻略すべし。

進攻（進入）作戦開始に関しては別命する。

1、占領すべき範域はフィリピン、英領マレー、蘭領印度の各要域およびビルマの一部などとする。

2、作戦実施にあたっては勉めてタイ国および印度支那の安定を確保するとともに、同方面よりする対支封鎖を実施する。タイ国および印度支那軍が抵抗すればその要域を占領することができる。

3、作戦実施にあたり主として作戦遂行を有利にするため宣伝謀略を実施する。

4、占領地の治安を回復し、重要国防資源を取得しかつ軍自活の途を確保するため占領地に対し軍政を施行する。

三、支那派遣軍総司令官、防衛総司令官および台湾軍司令官は南方軍総司令官の行う作戦に関し所要の援助を実施すべし。

四、細項に関しては参謀総長をして指示させる。

昭和十六年十一月十五日

奉勅伝宣　　　　参謀総長　杉山　元

南方作戦に伴う占領地統治要綱　昭和十六年十一月二十五日　大本営陸軍部

その一　総則

一、陸海作戦軍最高指揮官は相互緊密なる連携の下に各々その占領地に対し軍政を施行し、相協力して戦争目的の達成を図るものとする。

占領地軍政実施に関する陸海軍中央協定別冊の如し。

二、軍政は治安の回復重要国防資源の急速取得を図るとともに、軍自活の途を確保し、戦争目的の達成に資することを当面の目的とする。

三、軍政施行にあたっては勉めて残存統治機構を利用し、従来の組織および民族的慣行を尊重して運営を図り、もって軍の負担を軽減しつつその目的達成を図るものとする。

四、軍政に関する大綱は作戦軍最高指揮官これを統轄し、軍司令官は作戦地域における軍政の具体的実行に任ずる。

五、軍政施行の大綱に関する事項は軍参謀部において管掌し、これにもとづく実施計画並びに現地行政機関の指導に関する事項は軍政部の担任とする。

六、占領地の要点には特務機関を配置する。特務機関長は軍政部長の指揮を受け現地軍政の施行に任ず。ただし治安警備に関しては関係兵団長の指揮を受けるものとする。

その二　行政

七、軍政施行にあたっては大綱を把握し、在来の組織、慣行を尊重し、民生の細部にわたる干渉は努めてこれを避ける。
八、戦争遂行間国防資源取得と軍の現地自活のため民生に及ぼすべき重圧は最大限度にこれを忍びさせ、宣撫上の要求は右目的に反しない限度に止めるものとする。
九、米、英、蘭国人の取扱は帝国の施策に同調し、軍政実施に協力させるよう指導するが、これに応じないものは退去その他適宜の措置を講じる。
　枢軸国人の現存権益はこれを尊重するが、爾後の拡張は努めて制限する。
十、治安の維持は軍の支援の下に努めて在来の警察および土民軍隊をもってこれにあたらせるよう指導する。
十一、民事に関する裁判は地方官憲に委ね、軍事に関するものは軍法をもって律する。
　その三　財政、金融、通貨、貿易、（省略）
　その四　資源の開発取得
十七、戦争遂行に必要な重要国防資源の開発取得を促進すべき措置を講じ、帝国の戦争遂行能力の培養を図ることを主眼とする。
十八、重要資源の取得は軍指導の下に民間業者をこれにあたらせる。
　右民間業者の選定は中央において関係庁と協議し決定するものとする。

十九、押収した工場、事業場中必要なものは差当り軍においてこれを管理するが、なるべく速やかに民間業者の経営に委ねるものとする。
二十、重要資源の地域別開発取得規模の基準は別紙の如し。
二十一、作戦軍が現地において開発または取得した重要国防資源はこれを中央の物動計画に織り込むものとし、作戦軍の現地自活に必要なものも右配分計画にもとづき現地に充当することを原則とする。
二十二、物資の対日輸送は軍において極力これを援助し、かつ軍はその徴傭船を活用することに努める。
その五　交通、その六　民族、その七　宗教、その八　宣伝、（省略）

別紙　南洋各地域別重要資源開発取得基準表

地域別	資源名	単位	第一年度目標	摘要
フィリピン	○マンガン鉱	千トン	五○	開発取得目標とする
	○クロム鉱	千トン	五○	開発取得目標とする
	○銅鉱	千トン	一○○	開発取得目標とする
	△鉄鉱	千トン、二○○		取得目標とする

マニラ麻　千トン　七五　取得目標とする
コプラ　千トン　一五〇　取得目標とする

英領マレー

△ボーキサイト　千トン　一〇〇　開発取得目標とする
〇マンガン鉱　千トン　三〇　開発取得目標とする
△鉄鉱　千トン　五〇〇　開発取得目標とする
錫　千トン　一〇　取得目標とする
生ゴム　千トン　一〇〇　取得目標とする
コプラ　千トン　五〇　取得目標とする
タンニン材料　千トン　五　取得目標とする

英領ボルネオ

〇石油　千トン　五〇〇　開発取得目標とする

蘭領東印度

〇石油　千トン　六〇〇　開発取得目標とする
〇ニッケル鉱　千トン　一〇〇　開発取得目標とする
△ボーキサイト　千トン　二〇〇　開発取得目標とする
〇マンガン鉱　千トン　二〇　開発取得目標とする
錫　千トン　一〇　取得目標とする
生ゴム　千トン　一〇〇　取得目標とする

キナ皮　トン　一〇〇〇　取得目標とする
キニーネ　トン　一〇〇　取得目標とする
ヒマシ　千トン　五　取得目標とする
タンニン材料　千トン　三〇　取得目標とする
コプラ　千トン　一五〇　取得目標とする
パーム油　千トン　三〇　取得目標とする
△工業塩　千トン　一〇　取得目標とする
△玉蜀黍　千トン　一〇〇　取得目標とする

コプラはヤシ油の原料で食用油、マーガリン、石鹸、化粧品などに用いる。
タンニン材料は皮革なめしに使い、軍服や靴の製造に欠かせない。
キナ皮はキナノキの樹皮で、マラリアの特効薬キニーネが含まれている。
ヒマシはヒマシ油を採取するためのヒマという植物の種子。
パーム油はアブラヤシの果実から採れる油で食用油、燃料などに利用される。
工業塩は海水から製造された塩で、化学工業、食品加工などに使用される。

備考　一、本数量は重要なもののみに止める。
二、第二年度以降の開発取得目標は当時の状況に応じるよう決定する。

三、○印を付けたものは特に本数量に拘泥することなく、最大限に開発して国内に輸送する。
四、△印を付けたものは船腹に余裕を生じた場合増額するものとする。
五、蘭領東印度のニッケル鉱は蘭領ボルネオを含む。

占領地軍政実施に関する陸海軍中央協定　昭和十六年十一月二十六日決定

第一、方針
占領地における軍政は陸海軍協力してこれを行い、戦争目的の達成に資するものとする。
第二、要領
一、中央は軍政実施に関し現地に指示する場合並びに現地より報告を受けたる場合は密に協議連絡するものとする。
二、軍政に関する現地陸海軍の協力は各方面毎に主担任、副担任を定め、主担任軍において軍政の実施にあたるものとする。
前項具現のため現地陸海軍指揮官は協議の上要すれば所要の連絡機関を設ける。

三、各方面毎主担任軍最高指揮官は副担任軍最高指揮官に対し左記の基本的事項に関し密に連絡するものとする。

1、占領地に対する一般行政に関する事項

2、治安維持に関する事項

3、資源の取得並びに開発に関する事項

4、財政、金融並びに経済に関する事項

5、鉄道、港湾、船舶、航空、通信および郵政に関する事項。

6、情報宣伝に関する事項

7、敵産（敵国の財産）および諸施設並びにその他の管理運営に関する事項

四、軍政実施の担任区分を概ね左のとおり定める。情況により各方面陸海軍最高指揮官協議の上変更することができる。

1、陸軍の主担任区域（海軍は副担任とする）

香港、比島、英領マレー、スマトラ、ジャワ、英領ボルネオ、ビルマ

2、海軍の主担任区域（陸軍は副担任とする）

蘭領ボルネオ、セレベス、モルッカ群島、小スンダ列島、ニューギニア、ビスマルク諸島、ガム島

3、陸軍主担任区域中の左の諸地域には海軍において根拠地を設定する。右根拠地関係諸施設の建設運営および居住給養などに関係ある軍政に関する海軍の要望は当該地陸軍指揮官において極力これの充足実現に努めるものとする。
港務の実施区分および海軍根拠地設定のため必要な諸施設設置地域の画定に関しては別に中央および現地において協定する。
香港、マニラ、シンガポール、ペナン、スラバヤ、ダバオ
右諸地域およびバタビヤ、ラングーンにおける造船（小型を除く）に関する施設の管理および運営は主として海軍がこれを担任する。
陸軍所属船舶の修理に関する要望は海軍において極力これの充足実現に努めるものとする。

4、前項の外現地陸海軍において協議の上夫々他の担任区域内に軍事施設を設けた場合における取扱は前項に準じる。

5、その他
（1）船舶運航に関する事項
船舶護衛を要する海域における運航統制は海軍の担任とする。
陸軍所属船舶の運航に関しては現地陸海軍指揮官が協定する。

（2）敵産および諸施設並びにその他の管理運営に関する事項

①敵国陸海軍の固有施設は夫々所在陸海軍において管理することを本則とし、敵国航空関係施設に関しては別に中央および現地において協定する。

②その他に関しては一、二、三の分担区分に準じ現地陸海軍において協定するものとし、軍用に必要な工場施設、居住施設、倉庫、船渠、桟橋、病院、衛生施設および現地において使用すべき船舶などに関しては相互に援助もしくは融通するものとする。

（3）航空および通信に関する事項

各占領地と本邦間および占領地相互間の航空および通信に関しては別に中央および現地において協定する。

備考

1、作戦協定により定められる事項は本協定により拘束されないものとする。

2、押収拿捕船舶（概ね五〇〇トン以上を標準とする）はこれを中央の処理に移すものとする。

3、本協定は作戦の推移によりこれを変更もしくは調整することがあるものとする。

南方要域防衛に関する陸海軍中央協定　昭和十七年六月二十九日　大本営陸軍部、大本営海軍部

「註」本協定において南方要域と称するのは旧蘭領ニューギニ以西の南方占領地域（タイ国および印度支那を含む）をいう。

第一節　総則

第一　本協定は概ね現作戦情勢に大きな変化がない期間の南方要域防衛に関し、既に定められた左の各陸海軍中央協定並びにこれにもとづく現地協定による外に準拠すべき事項を規定する。

占領地軍政実施に関する陸海軍中央協定同追補

フィリピン群島警備に関する陸海軍中央協定

英領マレー蘭領印度方面警備に関する陸海軍中央協定

陸軍海運地、海軍根拠地、船舶港務関係中央協定

第二節　防衛方針

第二　陸海軍協同し極力艦艇並びに航空兵力をもってする進攻作戦を実施し、敵の反撃企図の破摧に努める。

第三　速やかに占領地域の残敵を掃蕩し、また所要に応じ付近要地を戡定するとともに諸要地の防備を強化し、陸海軍緊密なる協同の下に敵の来襲に対しこれを先制撃破する。

第四　南方海面および内地南方海域間の海上交通を安全にする。

第三節　防衛要領

第五　進攻作戦要領

一、海軍は占領地域一帯の海面を制圧索敵警戒に任じるとともに適時濠州並びに印度洋方面に対し航空進攻作戦および潜水艦戦を実施し、また敵情に応じ艦艇をもって洋上に進撃し、敵艦船を捕捉撃破する。

二、陸軍はその航空部隊をもって主として西南支那および東北印度方面における敵航空勢力その他要点の破摧に任じ、また所要に応じ付近敵艦船などの攻撃に協力する。

第六　防衛の分担

一、占領地域の海上防衛は海軍、その他の直接防衛はアンダマン群島、ニコバル群島、クリスマス島、小スンダ列島および旧蘭領ボルネオ以東の旧蘭領印度は主として海軍、その他は主として陸軍がこれに任じるのを原則とするが、作戦の要求に応じ陸海軍が協同してこれに任じる。
二、速やかに陸海軍協同または単独で占領地域の残敵を掃蕩するとともに、付近要地に対し所要に応じて戡定作戦を実施し、諸要地の防備を強化し警戒を厳にする。
三、敵潜水艦の侵入を阻止するため海軍は防備上必要とする海峡などを閉鎖または制扼する。ただし陸軍担任地域における右閉鎖の実施にあたっては現地関係陸軍指揮官と協議するものとする。
四、南方要域における主要港湾の海上防備は海軍がこれを担任する。
五、前二項の防備実施のため必要ある場合は海軍は現地関係陸軍指揮官と協議の上、陸軍主担任地域中の所要の地点に防備施設を設置し、かつ所要の人員を配備する。
六、陸軍兵力をもってするチモール島の防衛協力に関しては左記による。
1、八月中旬頃までは概ね現兵力をもって同島の防衛（防空を除く）を担任する。
2、概ね八月中旬以降は歩兵一大隊基幹兵力をもって防衛を援助する。
3、情勢に大きな変化がなければ本年末までに全兵力を撤収する。
七、敵の攻略企図に際しては海軍主担任地域中アンダマン群島、ニコバル群島、小スンダ列島方面に対しては所要に応じ機を失せず陸軍がこれを増援する。
右の期間同方面の防衛（防空を除く）は主として陸軍がこれに任じる。

八、防備分担の大綱を以上の如く概定するも、陸海軍は協同してこれに任じる精神をもって相互緊密に連携し、常に協同の綜合威力発揮に遺憾のないことを期す。

第七　海上交通保護

一、海軍は南方海面一帯において敵潜水艦の侵入を阻止するとともにこれの掃蕩を強化する。

二、南方海面および内地南方要域間海上交通保護は海軍の担任とし、陸軍はこれに協力する。

陸軍関係船舶護衛実施の細項に関しては関係陸海軍指揮官間の協定するところによる。

第四節　航空

第八　航空に関しては別冊「陸海軍航空中央協定」による。

第五節　相互連絡

第九　陸海軍は防衛上必要な兵力配備その他所要の事項を相互に通報するものとする。

第十　重要な情報特に敵の反攻または擾乱の企図を判断するに足るものは、機を失せず関係陸海軍指揮官間において通報するものとする。

第六節　陸海軍指揮官の協定

第十一　左の陸海軍指揮官に対し本協定にもとづきなるべく速やかに防衛に関する協定を行なわせる。

南方軍総司令官と聯合艦隊司令長官および南西方面艦隊司令長官

第十四軍司令官と南西方面艦隊司令長官および第三南遣艦隊司令長官

註　本協定は昭和十八年一月十三日情勢に応じ一部改訂された。

陸海軍航空中央協定　昭和十七年六月　大本営陸軍部

第一　方針

南方要域における航空基地は次期作戦に即応するとともに南方要域防衛のため必要とする航空兵力の維持、培養に遺憾のないようにする。このため施設の重点を修理補給施設に指向する。

第二　要領

一、航空基地は昭南島（シンガポール）を核心とし仏印、タイ、ビルマ、マレー、スマトラ、ジャワおよびフィリピンに設定する。陸軍所要飛行場附表第一（省略）の如し。右の中タイ国有飛行場は帝国の使用に提供させるものとする。仏印基地に関しては現状を維持するが所要に応じ逐次拡充する。

二、南方要域防衛のため航空部隊の配置を予定すること附表第二の如し。

三、飛行場、同施設並びに修理補給施設は既設施設を利用することに勉め、所要の施設はこれを増強拡張する。

常駐基地施設はこれを完備することに勉め、爾他の基地は作戦の必要により他方面の兵力を集中展開することを顧慮し、所要の付属施設を設定するものとする。特にビルマには三飛行師団（約一〇〇中隊）を展開し得るよう準備する。

四、航空機の修理補給は現地において実施させることを目途とし、現地自給力を強化促進する。このため航空機の修理および組立施設を速急に建設培養する。

五、補給燃料は現地自給によることを本則とする。

六、軍用航空基地相互連絡および南方共栄圏内相互の交通のため所要の航空路を設定する。特に左記幹線はこれの確保に努めるものとする。

1、台湾、比島、ボルネオ東部、ジャワ線

2、台湾、比島、ボルネオ西部、昭南島線

3、香港、仏領印度支那南部、マレー東部、スマトラ、ジャワ線

4、香港、仏領印度支那北部、タイ、マレー西部、スマトラ線

5、比島、仏領印度支那南部、タイ、ビルマ線

附表第二　南方要域航空部隊配置一覧表

昭南市　　　一航空軍司令部

ラングーン　一飛行師団司令部

ビルマ、マレー、スマトラ、ジャワ、比島、仏印　各一飛行団

備考　修理、補給機関は別に計画するところによる。

「これだけ読めば戦は勝てる」解説

日本大学危機管理学部教授　小谷　賢

「これだけ読めば戦は勝てる」は、一九四一年十二月の日本陸軍の南方作戦のために、台湾軍司令部研究部が南方の事情を手短にまとめた冊子で、南方に赴く前線の将兵に配布された。なぜこのような冊子が作成されたかといえば、東南アジア一帯が日本陸軍にとっては未知の領域だったためである。同研究部で冊子の作成に携わった辻政信中佐の言葉を借りれば、当時の日本陸軍は「スコールとかジャングルとかいう言葉の意味さえわからない有様」であったという。一九四〇年まで日本陸軍の戦略的関心領域といえば、既に戦果を交えていた中国軍、そして長年の仮想敵であった極東ソ連軍である。そのため陸軍はソ連や中国に対する研究は怠らなかったが、南方の英仏蘭軍、そして米軍への関心は薄かった。

ところが一九四〇年になると、短期間で済むと想定されていた日中戦争は終わる見込みのない泥沼の様相を呈しており、八五万もの大兵力が大陸に張り付けられたままとなった。そのため陸軍中央は一刻も早い停戦を望むようになっていたのである。他方、一九三九年九月より欧州で勃発した第二次世界大戦はドイツ優勢のまま進んでおり、一九四〇年五月にオランダ、翌月にフランスが降伏すると、イギリスの降伏も近いと予想されるようになっていた。もしフランスに引き続き、イギリスまでもが降伏するとなれば、東南アジアに力の空白が生じる事になり、これは南方資源獲得を求める日本にとって千載一遇の好機と写ったのである。

それまでソ連との戦闘ばかりを検討していた陸軍から見れば、南方進出には二つの利点があった。まずは仏印やビルマから中国への支援物資供給、つまり援蒋ルートを絶つことができ、その結果、早期の日中戦争解決が望めるというものである。もう一点は、南方進出によって日本の自給自足体制を確立させることができるというものであった。当時の日本は天然資源の多くを欧米の勢力圏に頼っており、中でも最重要の戦略物資であった鉄鉱石やボーキサイトは東南アジア、石油はアメリカからの輸入に依存する有様であった。そこで欧州での大戦勃発を機に南進を実行し、日本が東南アジア地域を掌握すれば、欧米依存の体制から脱却できるというのが陸軍の考えであった。そのため、一九四〇年以降、日本陸軍は南方への進出を意識し出すことになる。

一九四〇年初旬、陸軍省軍務局長、武藤章少将は、軍務局軍事課長、岩畔豪雄大佐に対して中長期的な観点からの国家戦略の起案を命じている。これを受けて岩畔は同年六月中旬までに「綜合国策十年計画」を纏め上げた。同計画は大東亜を包容する共同経済圏の建設、つまりは満州、中国から東南アジアまでを視野に入れた経済圏の確立を計画したものであるが、当面は欧州不介入、対ソ避戦、対米英関係改善などを方針とした比較的穏健な内容であった。さらにその後、七月二十二日に成立した近衛文麿第二次内閣は、同計画を下敷きとした「基本国策要綱」を二十六日に閣議決定している。本要綱の採択によって、日本は満州、中国に東南アジアを含めた大東亜共栄圏の確立を国家戦略として定めたことになる。

具体的な南進策については、一九四〇年五月頃、岩畔が軍事課の西浦進中佐に南方作戦について研究する必要性を伝えたことが契機であった。それを受けて西浦は、南方への関心を促す一文を作成し、参謀本部関係各課に配布している。また、岩畔は参謀本部第二課（作戦）長、岡田重一大佐に、参謀本部は南方地域を攻略するための作戦計画を立てているかどうか尋ねている。岡田は早速、課内で検討し、南方攻略の是非は別として、南方作戦の実行を命じられた場合を考慮して、計画だけは早く策定しておかなければならないという結論に達した。第二課はその時点から南方作戦の準備のため蘭印作戦を問題として取り上げて研究に着手するために、兵要地誌の整備から始めたという。

さらに岩畔は一九四〇年六月頃、西浦に南方での戦争計画のたたき台となる案を作成するよう促している。西浦は蘭印を急襲して重要資源地域を占領確保する要領を「対南方戦争指導計画」と題する私案として起草し、参謀本部の一部に配布した。その頃、参謀本部第二課では課員の荒尾興功中佐が同課として最初の南方作戦構想となる「今後に於ける戦争指導並びに作戦指導」を起案、六月二十一日、同案をもとに課内で研究を行った。続いて、第二課は実際に現地で情報や資料を収集するため、課員を南方各地に派遣したのである。二十二日の会議で陸軍省軍事課は、西浦が起案した「対南方戦争指導計画案」を提示して、シンガポールの奇襲攻略を提起したという。このように陸軍内では、欧州におけるドイツの快進撃に伴って南方進出に関心が集まっていたことが窺える。

南方作戦が具体化していくにつれて、まず求められたのは兵用地誌、つまり地図の類であった。これについては一九四〇年夏頃に参謀本部第二部（情報）欧米課に南方班が新設されると、南方各主要拠点に情報収集員が配置されるようになり、一九四〇年十一月までに各地の情報収集体制は概ね整う。マレー半島と蘭印地域の地図については、タイ国駐在武官の田村浩大佐が現地での収集に当たり、一九四一年に入るとそのような地誌情報が参謀本部南方班に届くようになっていた。さらに足りない部分は航空写真や在外邦人、商社等から聞き取り等を行うことで地図が作成され、南方地域のほとんどがカバーできる量が収集された。

またマレー半島における敵戦力については、参謀本部の見積もりによると、陸上戦力計一〇万人というものであった。実際の兵力は九万弱なので、なかなか的確な見積もりといったところだろう。それを承知の上で、日本陸軍はマレー作戦に十分な兵力を割いていないが、これはあまり多くの兵力を投じると前線部隊に兵站問題が生じることと、現地第二十五軍司令官の山下奉文中将がマレー半島の英軍守備部隊に対して、質量とも過小評価していたことが挙げられる。

さらに参謀本部は南方班の谷川一男中佐、国武輝人大尉らを同半島に送り込み、一九四一年一月から二か月かけて同地域の調査が実施された。その成果は「英領馬来情報記録」として残されている。この調査記録にはマレー半島からシンガポールに至る詳細な地誌、軍事情報が掲載されており、そこには守備隊や戦車、砲台の数、トーチカの位置が克明に記録されている。またトーチカに至っては、その内部の構造や寸法まで調べ尽くされていた。例えばシンガポール市内に設置されたトーチカに対しては、「肉厚弱く砲弾に対する抗力少なし。構造上死角極めて大なり。位置暴露しあり。基礎工事確実ならず。」というような詳細な報告が行われており、戦争が始まるまでにこの地域の防衛体制は調べ尽くされていた。

この「英領馬来情報記録」に拠れば、英陸軍幹部に対する評価は、「一般に良好とは認められず」というものであった。また守備隊が英、豪、印の混成軍であるとし、それぞれの軍を以下のように評価している。

英兵：「所詮植民地における軍隊にして平素の訓練状況等より見るも、その戦力は大ならざるべし。然れども英兵はその国民性より観察するに防御戦闘においては相当執拗に抵抗することあるべし。而して在マレー英兵の大半は、シンガポール防備に充当せらるべく野戦に出動するものは大ならざるべし。」

豪州兵：「その素質一般に良好ならず失業者、無頼漢等を交え、軍紀風紀の不良は有名なり。戦闘に際して近東方面における戦績に鑑みるも冒険果敢の国民性より相当の勇敢性を発揮すべきも訓練、装備は共に良好と言い難し。」

インド・マレー兵：「日本に対して戦意無きもの多く、反英思想を有するものも少なからず、常々これを洩らしあるものあり。而して印度兵相互の間には幾多の党派を有しあり、英人は巧みに之を編合してその反乱を防止しあるも反面その団結は期し得られず。」

参謀本部は、マレー半島に侵攻する日本軍が最初に戦うのはインド兵であると想定しており、こちらに対する評価は上記のものに加え、「正面戦闘等においては比較的抵抗力を発揮し得るべきも、運動戦に適せず、特に側背よりする奇襲に対しては脆弱なり」、とそれ程高くはなかった。そして英兵とそれ以外の兵の不協和を強調することで、マレー守備隊に対する総合的な評価は低くなっていた。

英軍全体の訓練に対しての評価も、「訓練は一般にその程度低く、かつ防勢色彩濃厚なり」としており、攻撃主体の日本陸軍から見れば、控えめな訓練に映ったようである。また陸軍は英空軍に対して「操縦者の素質は比較的良好にして使用機には第一流実用機を含みあるも、その訓練の現状は不十分なり」というような評価を下していた。

ただしこの情報報告は部内限りのものであったため、一般の将兵にどのようにして南方事情を伝えるかは別問題であった。そこで参謀本部は当時閑職と見られていた台湾軍司令部研究部に南方研究の要請を行ったのである。当時の研究部の責任者は林義秀大佐で、ちょうど研究の指示が下ったタイミングで辻中佐も同研究部に配属されている。本研究部は南方作戦のため、同地域における装備、戦闘法、兵器の扱い、衛生、給養、占領地行政、兵用地誌などに関する情報や資料を集めて報告書を作成し、それを参謀本部に提出することを命じられた。ただし同研究部には南方についての知識を持った要員がおらず、民間団体である南方協会台湾支部や台湾大学、台湾に存在していた石原鉱業、さらには南方視察を行った谷川中佐、国武大尉らにも聞き取りを行って情報を纏めていった。辻によると当時の課題は以下のようなものであったという。

①零下三〇度の北満や、シベリヤの戦場と、赤道直下のジャングルで戦う場合に、軍隊の編成や装備にいかなる手心を加えねばならぬか。

②ソ連軍と英米軍の編成、装備、戦法を比較し、ソ連軍に対して考えられた従来の戦法を、英米軍に対して、いかに改めるべきか。

③熱帯地の衛生、給養、ことマラリア対策をどうすべきか。

④南方住民の特性、伝統などに応じ、占領地の施策にいかなる手心を加うべきか。
⑤マレー、フィリピン、ビルマ、蘭印の兵要地誌。

これらの課題を半年がかりでまとめ上げたのが「これだけ読めば戦は勝てる」と題のつけられた冊子であり、参謀本部はこれを四〇万部刷って、南方に赴く全将兵に配布したのである。内容は南方、特にジャングル内の戦闘や衛生、現地民の習慣、そして敵となる英軍について、短く纏められているが、これは戦地に赴く輸送船内で手軽に読めるよう配慮されたものである。日本軍の将兵は南方での戦闘経験が皆無であったため、本冊子によって実情を学ぶしかなかったのであるが、膨大な情報を簡易な冊子に纏めた点は評価できるだろう。ただし陸軍が何十年と時間をかけてきたソ連軍の研究と比べると、泥縄式であったことも否めない。

本冊子ではマレー半島を防衛する英軍については以下のような記述がみられるのみである。

「今度の敵を支那軍（ママ）と比べると、将校は西洋人で下士官は大部分土人（ママ）であるから軍隊の上下の精神的団結は全く零だ。唯飛行機や戦車や自動車や大砲の数は支那軍より遥かに多いから注意しなければならぬが、旧式のものが多いのみならず、折角の武器を使うものが弱兵だから役には立たぬ。」

英軍マレー軍に対する過小評価は、「英領馬来情報記録」から一貫しているが、英軍も同じく日本軍の部隊の質を過小評価しており、英極東軍司令官ブルック・ポハム元帥は、一九四〇年十二月、香港で日本軍の部隊を視察した際、「鉄条網越しに私が見たものは、汚いグレーの制服を着た類人猿の見本だった。彼らが知能を有する軍隊であるとは信じ難い」といったコメントを残している。そうなるとどちらがより実情を把握していたかの問題となるが、マレー攻略戦の結果を見る限り、日本の対英評価の方がより正確ではなかったかと指摘できよう。

ただし「これだけ読めば戦は勝てる」を読んだだけで勝てたかというと、実際はそれほど甘いものではなかった。マレー攻略作戦においても日本陸軍の「作戦重視、情報軽視」の悪弊が頭をもたげており、前線部隊は必要な情報を現地で集めながら進軍を実施していたのである。記録として残っているのは、当時、日本軍が入手できていなかったシンガポールの詳細な地誌情報の獲得である。日本軍は最終攻略目標をシンガポールと定めておきながら、戦端を開いた時点でその詳細な市街地図を持っていなかった。そこでマレー半島中腹のクアラルンプールの印刷局に目を付けた日本陸軍第五師団の情報班は、一九四二年一月に同市が陥落すると直ちに印刷局へ地図の回収に向かった。しかし英軍は撤退時に印刷局に保管されていた地図と原版を完全に破壊しており、同市では地図を入手することができなかった。しかし同情報班は、シンガポール行きの貨物列車が日本軍の爆撃によって脱線・横転し、各種の紙片が散乱していたという聞き取り情報を得ると、直ちに現場へ急行して散らばった紙片を捜索、その中からシンガポール島の一万分の一の詳細な地図を発見している。同地図は直ちにサイゴンに空輸され、そこで複写を行い、各前線部隊に配布されたのである。

このような最前線での情報収集や巧みな作戦戦闘を地道に積み重ねた結果、数年は持ちこたえられると想定されていた英領マレーとシンガポールは、開戦からわずか三か月で陥落し、その報を伝えられたウインストン・チャーチル英首相は「英国軍史上の大惨事」だと落胆したのであった。

ＮＦ文庫

復刻版 日本軍教本シリーズ
「これだけ読めば戦は勝てる」

二〇二五年三月二十一日 第一刷

編 者 佐山二郎
発行者 赤堀正卓
発行所 株式会社 潮書房光人新社
〒100-8077 東京都千代田区大手町一-七-二
電話／〇三-六二八一-九八九一(代)
印刷・製本 中央精版印刷株式会社
定価はカバーに表示してあります
乱丁・落丁のものはお取りかえ致します。本文は中性紙を使用

ISBN978-4-7698-3393-2 C0195
http://www.kojinsha.co.jp

NF文庫

刊行のことば

第二次世界大戦の戦火が熄んで五〇年――その間、小社は夥しい数の戦争の記録を渉猟し、発掘し、常に公正なる立場を貫いて書誌とし、大方の絶讃を博して今日に及ぶが、その源は、散華された世代への熱き思い入れであり、同時に、その記録を誌して平和の礎とし、後世に伝えんとするにある。

小社の出版物は、戦記、伝記、文学、エッセイ、写真集、その他、すでに一、〇〇〇点を越え、加えて戦後五〇年になんなんとするを契機として、「光人社NF（ノンフィクション）文庫」を創刊して、読者諸賢の熱烈要望におこたえする次第である。人生のバイブルとして、心弱きときの活性の糧として、散華の世代からの感動の肉声に、あなたもぜひ、耳を傾けて下さい。

＊潮書房光人新社が贈る勇気と感動を伝える人生のバイブル＊

NF文庫

写真 太平洋戦争 全10巻 〈全巻完結〉

「丸」編集部編

日米の戦闘を綴る激動の写真昭和史——雑誌「丸」が四十数年にわたって収集した極秘フィルムで構築した太平洋戦争の全記録。

復刻版 日本軍教本シリーズ **「これだけ読めば戦は勝てる」**

佐山二郎編

南方攻略に向かう輸送船乗船前の将兵に配布された異色の冊子。熱帯地域での戦闘・生活の注意点を平易に記述。解説／小谷賢。

彗星爆撃隊 第五〇三空搭乗員・富樫春義の戦い

大野景範

液冷エンジン搭載の新鋭機・出撃す。高速が最大の武器の艦上爆撃機に搭乗、若き搭乗員の過酷な戦いを克明にとらえた従軍記。

新装解説版 **最後の二式大艇** 世界最高水準の飛行艇開発史

碇 義朗

米軍も賛嘆した日本が世界に誇る飛行艇。若き技術者たちの開発ストーリーと、搭乗員たちの素顔を活写する。解説／富松克彦。

「千羽鶴」で国は守れない 戦略研究家が説く お花畑平和論の否定

三野正洋

中国・台湾有事、南北朝鮮の軍事衝突——戦争は前触れもなく突然勃発するが、戦史の教訓に危機回避のヒントを専門家が探る。

誰が一木支隊を全滅させたのか ガダルカナル戦 大本営の新説

関口高史

作戦の神様はなぜ敗れたのか——日本陸軍の精鋭部隊の最後を生還者や元戦場を取材して分析した定説を覆すノンフィクション。